Annegret Bangert

Begleithund-
Prüfung

Müller
Rüschlikon

Impressum

Reihengestaltung: Petra Pawletko
Einbandgestaltung: Kornelia Erlewein
Titelfoto: Ulrich Neddens,www.neddens-tierfotografie.de

Bildnachweis:
Annegret Bangert: S. 10, 16, 27, 40, 43, 76, 79, 86, 87, 88, 89, 90, 92
Claudia Wingen: S. 94, www.photoart-claudia-wingen.de
Alle übrigen Bilder stammen von Oliver Pohl, www.kurvenbilder.de

Die in diesem Buch enthaltenen Hinweise und Ratschläge beruhen auf jahrelang gemachten Erfahrungen und gesammelten Erkenntnissen in praktischer und theoretischer Arbeit mit Hunden. Alle Angaben wurden gründlich geprüft. Eine Haftung der Autorin oder des Verlages und seiner Beauftragten für Personen-, Tier-, Sach- und Vermögensschäden ist ausgeschlossen.

ISBN 978-3-275-01779-9

Copyright © 2011 by Müller Rüschlikon Verlag
Postfach 103743, 70032 Stuttgart
Ein Unternehmen der Paul Pietsch Verlage GmbH & Co. KG
Lizenznehmer der Bucheli Verlags AG, Baarerstr. 43, CH-6304 Zug

1. Auflage 2011

Sie finden uns im Internet unter **www.mueller-rueschlikon-verlag.de**

Nachdruck, auch einzelner Teile, ist verboten. Das Urheberrecht und sämtliche weiteren Rechte sind dem Verlag vorbehalten. Übersetzung, Speicherung, Vervielfältigung und Verbreitung, einschließlich Übernahme auf elektronische Datenträger wie CD-ROM, Bildplatte usw. sowie Einspeicherung in elektronische Medien wie Bildschirmtext, Internet usw. sind ohne vorherige schriftliche Genehmigung des Verlages unzulässig und strafbar.

Lektorat: Claudia König
Innengestaltung: Petra Pawletko
Druck und Bindung: Graspo CZ, 76302 Zlin
Printed in Czech Republic

Inhalt

Ein paar Worte vorab

Die Erziehung ist bei jedem Hund ein Muss. Dieses gilt vor allem in der heutigen Zeit, in der die Öffentlichkeit den Hunden und ihren Haltern häufig kritisch gegenübersteht. Deshalb ist es wichtig zu signalisieren, dass man seinen Hund genau kennt und dass man alle Situationen mit ihm richtig einschätzen kann – und dann natürlich auch entsprechend handelt.

Das tägliche Leben ist mit einem gut erzogenen Hund garantiert weniger stressig und lässt sich mit mehr Freude genießen. Einem gut erzogenen Hund kann man außerdem mehr Freiheiten einräumen, was vieles leichter macht.

Agility.

Für den Hund bedeutet erzogen zu werden zu lernen, wie er sich in die Lebensgemeinschaft mit Menschen einfügen kann und dass er Grenzen akzeptieren muss. Erziehung ist ein Prozess, in dem beide, Mensch und Hund, lernen, miteinander umzugehen, die Signale des anderen zu verstehen, Vertrauen und Bindung aufzubauen und Freude im Umgang miteinander zu haben.

In diesem Ratgeber möchte ich Ihnen Wege aufzeigen, wie Sie Ihren Hund zielgerichtet bis zur Begleithund-Prüfung führen können. Ich unterbreite Ihnen dabei stets Vorschläge, wie man es machen kann. Dogmatisches ist bei der Erziehung eines Hundes fehl am Platze. Denn: Jeder Mensch und jeder Hund ist anders, einen Königsweg zur harmonischen Mensch-Hund-Beziehung gibt es nicht. Eine erfolgreiche Erziehung berücksichtigt immer den jeweiligen Charakter von Halter und Hund.

Hinweis:

→ Konsequenz in der Erziehung und Ausbildung des Hundes bedeutet: klare Linie und zuverlässiges Handeln des Menschen.

Schon aus manch einem anfänglich »nur Leinenhalter« wurde mit den richtigen Schritten

ein begeisterter Hundesportler, der viele Stunden seiner Freizeit mit seinem Hund verbrachte und mit ihm zu einem echten Team wurde.

Der VDH (Verband für das Deutsche Hundewesen) und seine Mitgliedsverbände und -vereine bieten dem interessierten Hundefreund verschiedene Wege zur Ausbildung der Vierbeiner an. Für die Ausbildung zum Familienhund sind der VDH-Hundeführerschein oder der Team-Test gute Alternativen.

Für die verschiedenen Sportarten, zum Beispiel Turnierhundesport, Agility, Obedience, Schutzhund- oder Vielseitigkeitsprüfung (VPG), ist die bestandene BH/VT-Prüfung (Begleithund-Prüfung mit Verhaltenstest) Voraussetzung. Ohne sie darf man an Wettkämpfen und Sportturnieren nicht antreten.

Obedience.

BH/VT-Prüfung – was ist das?

Die BH/VT-Prüfung gliedert sich in drei Abschnitte:

Grundlage ist die zur Zeit gültige VDH-Prüfungsordnung aus dem Jahr 2004, Änderungen sind beim VDH oder dhv (Deutscher Hundesportverband) zu erfragen.

Sachkundenachweis

Der Sachkundenachweis erfolgt in einer schriftlichen Prüfung, in der der Hundeführer Grundkenntnisse über den Hund nachweisen muss. Der schriftliche Test ist für alle Hundeführer vorgeschrieben, die vor dem 01.01.2002 noch keine praktische Prüfung mit einem Hund abgelegt haben. Der Test besteht aus 25–30 Fragen, die von einem Leistungsrichter aus einem Fragenkatalog von ca. 120 Fragen ausgewählt werden.

Unterordnung

In der so genannten Unterordnung wird der Hund auf seinen Gehorsam geprüft. Die Unter-

Freifolge.

Wichtiger Hinweis:

→ Auf den Fotos im Buch wird die Leine von den Hundeführern oft in der rechten Hand gehalten. Dieses wird beim Training häufig gemacht, um die linke Hand zur Belohnung des Hundes (Streicheln, Leckerchengabe usw.) frei zu haben. Achtung: In der Prüfung muss die Leine vom Hundeführer immer in der linken Hand gehalten werden.

ordnung besteht aus der Leinenführigkeit (Fuß gehen an der Leine), der Freifolge (Fuß gehen ohne Leine), der Sitzübung, der Platzübung mit Herankommen und der Ablage. Ein Kriterium für die erfolgreiche Unterordnungsprüfung ist, dass der Hund bei den Übungen stets freudig und aufmerksam agiert.

Verkehrsteil

Beim Verkehrsteil wird der Hund in Alltagssituationen geprüft. Es wird getestet, wie sich der Vierbeiner zum Beispiel verhält, wenn er mit Joggern, Radfahrern und anderen Verkehrsteilnehmern konfrontiert ist. Der Hund darf dabei keinerlei Aggression zeigen. Der Verkehrsteil wird nicht auf dem Hundeplatz geprüft, sondern in einer realen Situation im öffentlichen

Verkehrsteil.

Raum, zum Beispiel Innenstadt mit Fußgänger-zonen und Passanten, die Überquerung einer Hauptverkehrsstraße mit Ampelregelung.
Eine Begleithund-Prüfung wird in der Regel von Hundehaltern absolviert, die im Hunde-sport aktiv sein wollen. Häufig wird sie aber auch von »nur Hundebesitzern« abgelegt, die einfach die Teamarbeit mit ihrem Hund durch eine Prüfung mit verbindlichen Regeln unter Beweis stellen wollen.

Es wird bei der BH-Prüfung im Grunde nichts anderes verlangt als das, was der gut erzogene Familienhund leisten können muss. An locke-rer Leine gehen, sich auf Hörzeichen setzen oder legen und Wartenkönnen auf Zeichen von Frauchen oder Herrchen. Damit geht ein-her, dass der Hund weder Zweibeinern (Jogger) noch Zweirädern (mit und ohne Motor) hin-terherjagt oder Artgenossen »anmacht«. Die Stadt mit ihrer speziellen Atmosphäre erlebt ein Hund, der gut vorbereitet wurde und mit seinem Halter die Prüfung bestanden hat, si-cher und gelassen.
Da nichts ohne Theorie wirklich funktionieren kann, muss der Prüfungsteilnehmer einige Fra-gebögen zur Sachkunde vor dem praktischen Teil der Prüfung ausfüllen.

Dieses sind grob umrissen die Inhalte einer Begleithund-Prüfung: die Sachkunde, der Ge-horsam auf dem Übungsplatz und der Verhal-tenstest im Stadtteil.

Um alle diese Aufgaben erfüllen zu können, bedarf es vieler, oft kleiner Trainingseinheiten. Aber die Basis für den Weg zur bestandenen BH/VT-Prüfung ist das gemeinsame Erleben. Es

gilt, in dem Hund die Freude am gemeinsamen Tun zu wecken, ihn kennen und verstehen zu lernen, aber auch Freude bei jedem Fortschritt zu empfinden. Wenn Sie dann noch den Weg der kleinen Übungsschritte gehen, werden Sie als Team »Mensch-Hund« Ihr Ziel erreichen.

Die erfolgreich abgelegte BH/VT-Prüfung be-nötigen Sie, wenn Sie mit Ihrem Hund eine der verschiedenen Hundesportarten wett-kampfmäßig betreiben wollen. Die erworbe-nen Fähigkeiten bei der Vorbereitung auf die BH-Prüfung sind dabei die Grundlage für alle weiterführenden Aktivitäten. Für verschiedene Rassen, meist Gebrauchshunderassen, gilt die bestandene BH/VT-Prüfung als Voraussetzung für den Zuchteinsatz. Für Rasseclubs, die eine bestandene Körung für die Zuchttauglichkeit fordern, werden Teile der Unterordnung auf dem Platz und des Verkehrsteils für die Beur-teilung des Hundes herangezogen.
Die allgemeinen Bestimmungen der BH/VT-Prüfung sind für die Beteiligten bindend. Für alle Teilnehmer sind die Leistungsanforderun-gen dieselben. Nur ein Leistungsrichter eines VDH-Mitgliedvereins darf diese Prüfung ab-nehmen. Anerkannt wird sie nur, wenn sie auf einer termingeschützten, öffentlichen Veran-staltung eines VDH-Mitgliedverbandes/-ver-eins abgelegt wurde.

Achtung:

 Ihr Hund muss nicht reinrassig sein, um die Prüfung ablegen zu dürfen. Mischlin-ge sind ebenso zugelassen, sofern Sie Mit-glied in einem dem VDH angeschlossenen Hundeverein sind.

2

Zulassungsbestimmungen für die Teilnahme an der Begleithundprüfung

- Zugelassen sind Hunde aller Größen, Rassen und Mischlinge.

- Der Hundeführer muss Mitglied in einem dem VDH angehörigen Verein sein und einen Sportpass besitzen.

- Ist der Hund nicht anhand der Chip-Nummer (die Tätowierungsnummer ist nicht mehr entscheidend) zu identifizieren, wird er nicht zur Prüfung zugelassen. Ein Hund ohne gültigen Impfausweis kann ebenso nicht zur Prüfung antreten.

- Der Hundes muss mindestens 15 Monate alt sein.

- Nur ein Brustgeschirr ohne weitere Schnallungen oder ein einfaches einreihiges, locker anliegendes Kettenhalsband, das nicht auf Zug eingestellt sein darf, sind erlaubt. Zusätzliche Halsbänder, beispielsweise Leder- oder Zeckenhalsbänder sind nicht gestattet.

- Die Leine hat eine Länge von ca. 1 Meter und kann bei kleineren Hunden auch bis 1,50 Meter betragen.

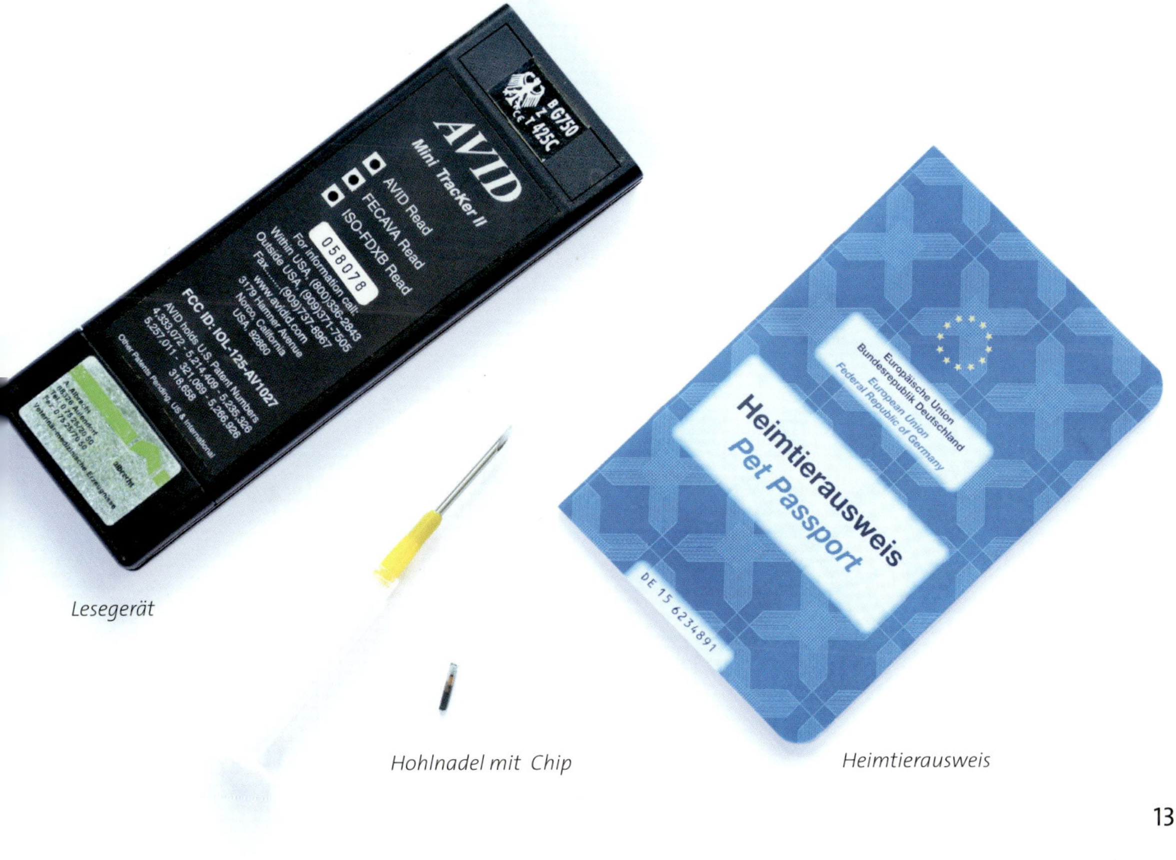

Lesegerät

Hohlnadel mit Chip

Heimtierausweis

Sachkundeprüfung für den Hundehalter

Wenn Sie zum ersten Mal an einer VDH-Begleithund-Prüfung teilnehmen, müssen Sie vor Beginn des praktischen Prüfungsteils die schriftliche Überprüfung der Sachkunde bestehen. Das Prüfungsergebnis wird in dem entsprechenden Leistungsnachweis (Sportpass) vermerkt.

Um die Sachkunde rund um den Hund nachzuweisen, heißt es erst einmal Fragebögen zur Gesundheit, Ernährung, zum Verhalten des Hundes, zu Rechtsfragen, zum Tierschutz, zum Verbandswesen des VDH und zu den Voraussetzungen der Prüfungsteilnahme mit insgesamt ca. 120 Fragen durchzuarbeiten. Beispielsweise wird dabei gefragt, wie hoch die normale Körpertemperatur des Hundes liegt, was unter einer hohen Reizschwelle zu verstehen ist und wie sich ein innerer Konflikt beim Hund zeigt. Die Fragen beziehen sich auf beide Geschlechter des Hundes, d.h. auch der Rüdenbesitzer muss wissen, was eine Scheinträchtigkeit bei einer Hündin ist und was sie für den Hund bedeuten kann.

Natürlich müssen in der Prüfung nicht alle Fragen aus dem Fragenkatalog beantwortet werden. Der amtierende Leistungsrichter sucht zwischen 25 und 30 Fragen aus fünf Teilbereichen aus, die dann zu beantworten sind. Sind mehr als 70 % der Fragen richtig beantwortet, gilt der Sachkundenachweis als bestanden und der Hundeführer kann mit seinem Hund an der Prüfung der Unterordnung auf dem Übungsplatz teilnehmen.

Der erfolgreich abgelegte Sachkundenachweis in dieser Prüfung wird in verschiedenen Bundesländern bzw. Landkreisen anerkannt, wenn dieser laut Hundeverordnung für den Hundehalter vorgeschrieben ist. Auch ein von Behörden geforderter Verhaltenstest kann durch die bestandene BH/VT-Prüfung nachgewiesen und die Befreiung von einigen Auflagen zum Beispiel Leinenzwang erreicht werden.

Es soll auch Kommunen geben, die mit dieser bestandenen Prüfung die Hundesteuer ermäßigen.

Prüfung auf dem Übungsplatz

Unbefangenheitsprobe

Am Anfang einer BH/VT-Prüfung steht die Unbefangenheitsprobe. Vor der Zulassung zur Prüfung wird der gemeldete Hund dem Leistungsrichter vorgestellt, der die Chipnummer kontrolliert. Hunde, die nicht identifiziert werden können, werden von der Prüfung ausgeschlossen.

Es kann durchaus sein, dass Sie schon während der Unbefangenheitsprobe mit Ihrem Hund durch eine Menschengruppe gehen müssen und auch mit anderen Hunden konfrontiert werden. So kann sich der Prüfer einen ersten Eindruck von dem zu prüfenden Vierbeiner machen und ihn bei auffälligem Verhalten nicht zur Prüfung zulassen.

Die Beurteilung der Unbefangenheit erfolgt während der gesamten Prüfung. Zeigt der Hund, selbst wenn er die erste Unbefangenheitsprobe bestanden hat, im Laufe der eigentlichen Prüfung Verhaltensauffälligkeiten (Wesensmängel), kann der Leistungsrichter den Hund von der weiteren Prüfung ausschließen.

Chipkontrolle.

Praktischer Teil
der BH/VT-Prüfung

4

Prüfung auf dem Hundeplatz

Allgemeine Hinweise

Der Hund wird grundsätzlich auf der linken Seite geführt. Der Hundeführer hält die Leine in der linken Hand. Ausnahme ist eine körperliche Behinderung des Hundeführers, die das nicht ermöglicht. Dann gelten die Bestimmungen der Prüfungsordnung analog für die rechte Seite.

Grundsätzlich beginnt und endet jede Einzelübung mit der Grundstellung. Der Hund sitzt dabei gerade neben dem Hundeführer mit seinem rechten Schulterblatt auf Kniehöhe. Das Einnehmen der Grundstellung ist zu Beginn jeder Übung nur einmal erlaubt. Die Endgrundstellung der vorhergehenden Übung darf aber ebenso als Ausgangsgrundstellung der folgenden Übung verwendet werden.

Bei der Prüfung müssen Sie auf alle Körperhilfen und Geräusche verzichten, sonst erfolgt ein Punktabzug durch den Leistungsrichter. Darüber hinaus dürfen weder Leckerchen noch Spielzeug eingesetzt werden. Sie dürfen Ihren Hund nur nach einer mit der Grundstellung beendeten Übung loben. Zwischen dem Lob und dem Beginn des neuen Prüfungsteils müssen ca. 3 Sekunden Zeitabstand eingehalten werden. Sollte zwischen den einzelnen Übungen ein Ortswechsel nötig sein, muss der Hund bei Fuß geführt werden. Die Führleine muss in der linken Hand gehalten werden.

Der Hund wird während der Prüfung mit Hörzeichen geführt. Als Hörzeichen gelten normal gesprochene, kurze und aus einem Wort bestehende Kommandos. Sie können in jeder Sprache erfolgen, müssen jedoch für eine Tätigkeit während der Prüfung immer gleich sein.
Erlaubte Hörzeichen: »Platz«, »Hier«, »Fuß« und »Sitz« (aber nicht bei der Grundstellung, Ausnahme in den Übungsteilen »Sitzübung« und »Ablage«). Das Hörzeichen »Fuß« darf nur beim Angehen aus der Grundstellung, beim Tempowechsel (Gangartwechsel) und der Platzübung nach dem Vorsitzen gegeben werden.

Die Durchführung der Kehrtwendung (Wechsel in die entgegengesetzte Laufrichtung) ist auf zwei Arten gestattet, muss aber jeweils als Linkskehrtwendung gezeigt werden. Hierbei kann der Hund um den sich drehenden Hundeführer hinten herumgehen oder die Kehrtwendung mit dem Hundeführer als Linkswendung zeigen. Der Hund bleibt dabei an der linken Seite des Hundeführers.

Der Leistungsrichter gibt die Anweisung zu Beginn der Unterordnung. Alles weitere, wie Wendungen, Halt, Wechseln der Gangart usw., wird ohne Anweisung des Leistungsrichters ausgeführt. Der Hundeführer kann jedoch vor Beginn die einzelnen Übungsabschnitte und deren Ablauf vom Leistungsrichter erfragen.

Lauf- und Übungsschema BH/VT-Prüfung

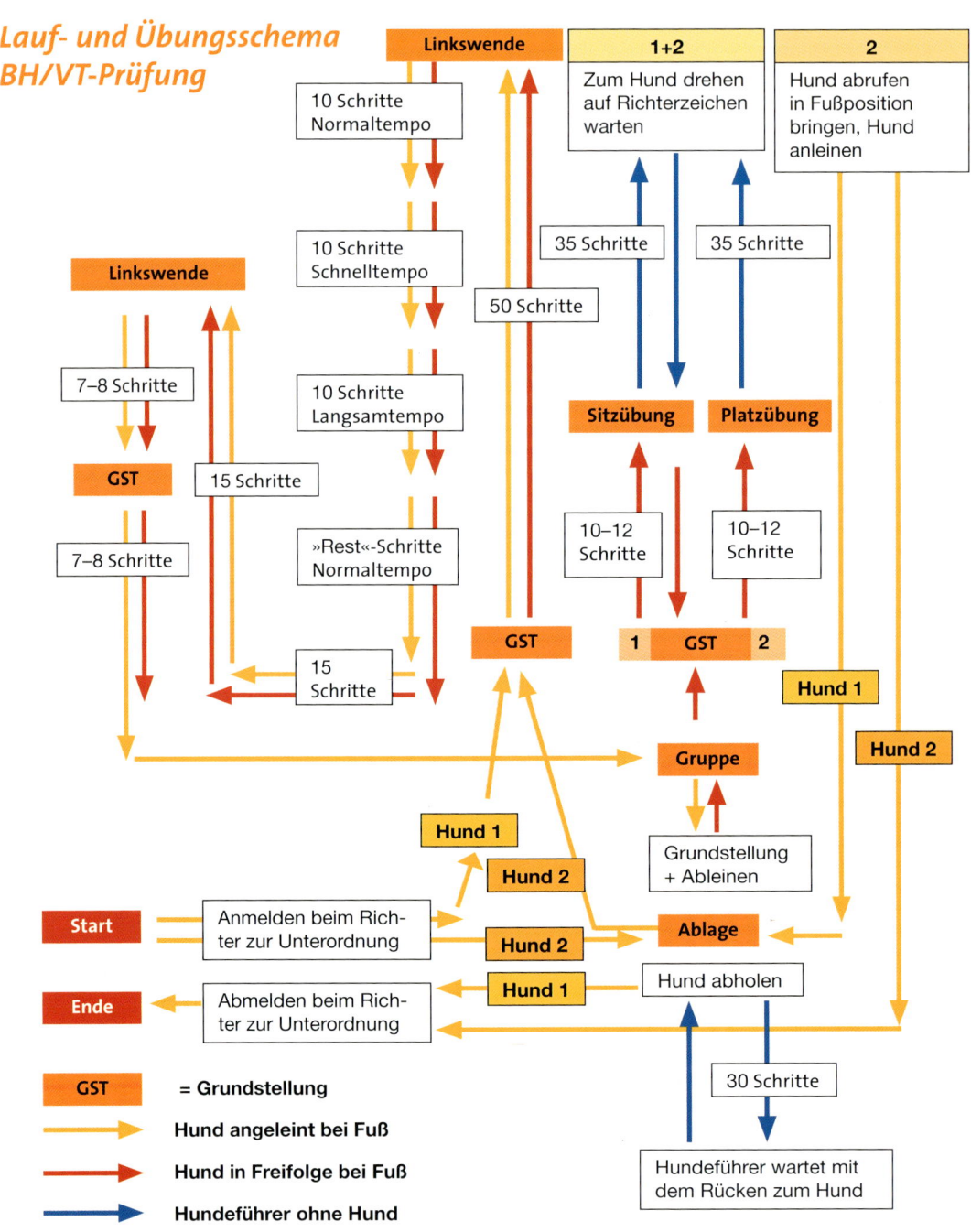

Linkswende	

1+2
Zum Hund drehen auf Richterzeichen warten

2
Hund abrufen in Fußposition bringen, Hund anleinen

10 Schritte Normaltempo

10 Schritte Schnelltempo

10 Schritte Langsamtempo

»Rest«-Schritte Normaltempo

Linkswende

7–8 Schritte

GST

15 Schritte

7–8 Schritte

50 Schritte

35 Schritte

35 Schritte

Sitzübung

Platzübung

10–12 Schritte

10–12 Schritte

GST

1 **GST** 2

Hund 1

Hund 2

15 Schritte

Gruppe

Hund 1

Hund 2

Grundstellung + Ableinen

Start

Anmelden beim Richter zur Unterordnung

Hund 2

Ablage

Ende

Abmelden beim Richter zur Unterordnung

Hund 1

Hund abholen

30 Schritte

Hundeführer wartet mit dem Rücken zum Hund

GST = Grundstellung

→ Hund angeleint bei Fuß

→ Hund in Freifolge bei Fuß

→ Hundeführer ohne Hund

20

Punktwertung der verschiedenen Aufgaben auf dem Übungsplatz

Die Ausgangspunktzahl beträgt 60, von der bei erkennbaren Fehlern in den einzelnen Prüfungsteilen entsprechende Punkte abgezogen werden.

Hunde, die im Prüfungsteil auf dem Hundeplatz (Unterordnung) nicht die erforderlichen 70 % der Punkte erreichen (weniger als 42 Punkte), werden nicht zur Prüfung in den öffentlichen Verkehrsraum mitgenommen.

Am Schluss der Prüfung werden keine Ergebnisse nach Punkten, sondern nur eine Wertung »bestanden« oder »nicht bestanden« vom Leistungsrichter bekannt gegeben. Die Prüfung ist bestanden, wenn im Platzteil

70 % der zu erreichenden Punkte erzielt und im Verkehrsteil die Übungen vom Leistungsrichter als ausreichend erachtet wurden.

Anmeldung beim Leistungsrichter

Nach dem Aufruf Ihres Namens durch den Prüfungsleiter, betreten Sie mit Ihrem Hund den Übungsplatz und gehen zügig mit dem an durchhängender Leine links neben Ihnen laufenden Hund zum Leistungsrichter. Vor dem Richter nehmen Sie mit Ihrem Hund die Grundstellung ein und melden sich mit Ihrem Vor- und Nachnamen zur Unterordnung an. Außerdem nennen Sie den vollständigen Namen Ihres Hundes.

Auf dem Weg zur Anmeldung.

1. Übung

Leinenführigkeit (15 Punkte)

Erlaubtes Hörzeichen »Fuß«

Mit dem Hörzeichen »Fuß« und einem freudig neben Ihnen gehenden Hund gehen Sie 40 bis 50 Schritte geradeaus. Dann folgt eine Kehrtwendung, die immer als Wendung nach links gezeigt werden muss. Nach 10 bis 15 Schritten wechseln Sie in den Laufschritt für mindestens 10 Schritte, dann gehen Sie in den langsamen Schritt über und machen noch einmal 10 Schritte. In der normalen Gangart gehen Sie ca. 20 Schritte geradeaus und zeigen daraufhin eine Wendung im rechten Winkel, gehen 15 Schritte weiter und machen erneut eine 90-Grad-Wendung mit anschließenden 15 Schritten geradeaus. Danach machen Sie eine Kehrtwende und gehen 7–8 Schritte weiter. Zum Abschluss bleiben Sie in der Grundstellung stehen. Auf Anweisung des Leistungsrichters marschieren Sie noch einmal 7–8 Schritte weiter, um dann nach einer 90-Grad-Wendung nach links in Richtung Gruppe zu gehen. Gehen Sie ohne anzuhalten in die Gruppe hinein. Laufen Sie Achten um die sich bewegenden Personen herum und zeigen eine Grundstellung innerhalb der Gruppe. Auf Anweisung verlassen Sie die Gruppe, um dann nach einer Kehrtwende in Grundstellung den Teil zu beenden, der die Leinenführigkeit überprüft.

Als fehlerhaft und entsprechend mit Punktabzug bewertet wird, wenn Ihr Hund an der Leine zieht oder zurückbleibt, Sie ihn korrigieren müssen und die Wendungen und Winkel nicht flüssig gegangen werden.

2. Übung

Freifolge (15 Punkte)

Erlaubtes Hörzeichen »Fuß«

Dem in der Grundstellung neben Ihnen sitzenden Hund nehmen Sie die Leine ab. Hängen Sie sich diese von links oben nach rechts unten über die Schulter. Sie können sie sich auch in die Tasche stecken. Beides muss auf der rechten, also vom Hund abgewandten Seite sein. Nun gehen Sie wieder in die Gruppe hinein und zeigen wie zuvor das Rechts- und Links-Umrunden der sich bewegenden Personen. Sie sollten mindesten einmal mit dem Hund in Grundstellung in der Nähe einer Person stehen bleiben. Nachdem Sie die Gruppe verlassen haben, nehmen Sie die Grundstellung ein und beenden damit diesen Teil. Wenn Sie möchten, können Sie den Hund nun kurz loben, müssen aber unbedingt danach wieder eine neue Grundstellung zeigen, bevor Sie das Schema mit dem Hund ohne Leine laufen.

Sie können aber auch mit dem Hund sofort bis zum Ausgangspunkt gehen, eine Grundstellung zeigen und dasselbe Schema noch einmal gehen, aber jetzt in der Freifolge.

Auch hier können entsprechend Punkte abgezogen werden, wenn der Leistungsrichter bei der Ausführung Fehler gesehen hat.

3. Übung

Sitzübung bzw. Sitz aus der Bewegung (10 Punkte)

Erlaubte Hörzeichen »Fuß«, »Sitz«

Mit dem Hörzeichen »Fuß« gehen Sie mit Ihrem Hund aus der Grundstellung heraus mindestens 10 Schritte geradeaus. Am besten ist es, wenn Sie sich einen Fixpunkt suchen, auf den Sie gerade zulaufen können. Denn das Geradelaufen ist äußerst wichtig. Dann erfolgt das Hörzeichen »Sitz«. Der Hund hat sich schnell zu setzen, ohne dass Sie ihm Hilfestellung durch Handzeichen oder Verlangsamung des Tempos geben. Auch das Umdrehen zum Hund sollten Sie nicht zeigen. Nach weiteren 30 Schritten bleiben Sie stehen und drehen sich sofort zum Hund um. Auf Anweisung des Leistungsrichters gehen Sie zu Ihrem Hund zurück und stellen sich in Grundstellung neben ihn. Damit ist dieser Teil beendet und Sie begeben sich wieder zum Ausgangspunkt (Hund bei Fuß), um von dort die Platzübung zu beginnen.

5 Punkte werden abgezogen, wenn der Hund sich hinlegt oder stehen bleibt, anstatt zu sitzen.

4. Übung

Platzübung aus der Bewegung in Verbindung mit Herankommen (10 Punkte)

Erlaubte Hörzeichen »Fuß«, »Platz«, »Hier«

Von der Grundstellung aus gehen Sie mit Ihrem Hund mit dem Hörzeichen »Fuß« geradeaus. Nach mindestens 10 Schritten hat sich der Hund auf das Hörzeichen »Platz« schnell hinzulegen. Ohne andere Einwirkungen auf den Hund und ohne sich umzudrehen, gehen Sie weitere 30 Schritte in gerader Richtung voran, drehen sich danach zu Ihrem Hund um und bleiben still stehen. Auf Anweisung des

Leistungsrichters rufen Sie Ihren Hund heran. Freudig und in schneller Gangart hat sich der Hund Ihnen zu nähern und sich dicht vor Ihnen zu setzen. Auf das Hörzeichen »Fuß« hat sich der Hund neben Sie zu setzen.

Bleibt der Hund stehen oder setzt er sich, kommt jedoch einwandfrei heran, so werden bis zu 5 Punkte abgezogen.

5. Übung

Ablegen des Hundes unter Ablenkung (10 Punkte)

Erlaubte Hörzeichen »Platz«, »Sitz«

Zu Beginn der Unterordnung eines anderen Hundes legt der Hundeführer seinen Hund an einem vom Leistungsrichter angewiesenen Ort aus der Grundstellung mit dem Hörzeichen »Platz« ab. Es werden weder die Führleine noch sonst ein Gegenstand beim Hund belassen. Der Hundeführer entfernt sich 30 Schritte und stellt sich mit dem Rücken zum Hund in dieser Entfernung auf. Der Hund muss dabei ruhig liegen bleiben. Auf Richteranweisung tritt der Hundeführer an die rechte Seite seines Hundes, auf eine weitere Richteranweisung nimmt er ihn mit dem Hörzeichen »Sitz« in die Grundstellung.

Sitzt, steht oder liegt der Hund unruhig, so erfolgt eine Teilbewertung. Ein Hund, der sich erhebt, sich setzt oder über eine Strecke kriecht, die länger als sein eigener Körper ist, hat die Übung nicht bestanden. Unruhiges Verhalten des Hundeführers sowie andere versteckte Hilfen sind fehlerhaft. Hündinnen sind nach Möglichkeit getrennt abzulegen.

Allgemeine Übungshinweise

Mit dem Training für das, was von Ihnen und Ihrem Hund bei der BH/VT-Prüfung erwartet wird, kann schon im Welpenalter begonnen werden: Freude am gemeinsamen Tun aufbauen, die richtige Modulation der Stimme üben, das Spielen zu Motivation und Belohnung sowie die Belohnung mit Futter einführen.

Hinweis:

➡ Denken Sie immer daran: Die Belohnung erfolgt nur, weil Ihr Hund etwas getan hat und nicht, damit er es tut, denn damit erfüllen Sie seine Forderung (Bestechung).

Ein Lob kann nur das sein, was auch vom Hund als solches empfunden wird. Wenn Sie ihn voll des Lobes auf den Oberkopf »tatschen«, können Sie sicher sein, dass diese Handlung so nicht als Lob bei Ihrem Hund ankommt. Denn Oberkopf- und Nackenregion werden beim Hund nicht für Freundlichkeiten, sondern für Ansprüche genutzt. Auch wird es kein Wohlgefühl bei Ihrem Hund erzeugen, wenn Sie ihn als Ausdruck großer Freude so kräftig tätscheln, dass es ihn aus dem Gleichgewicht bringt. Richtig ist es, Kinn-, Hals- und Brustbereich des Hundes beim Loben sanft zu streicheln oder zu kraulen. Die seitlichen Körperbereiche vom Schulterblatt bis zur Lende sind ebenfalls hierfür geeignet. Generell gilt: Ruhige Handbewegungen wirken entspannend, schnelle Bewegungen an- bis aufregend.

Bei Zeit und Muße genießt der Hund das Kraulen am ganzen Körper, speziell an den Ohren, am Bauch und am Rutenansatz.
Die vorherige Aktion und die gewünschte Reaktion des Hundes bestimmen die Art, wie Sie ihn mit Hilfe des Körperkontaktes belohnen.

Hinweis:

 Allein der Hund entscheidet, was er als Belohnung oder als unwichtig bis unangenehm wahrnimmt.

Später sollten Sie das Belohnungssystem etwas zurückführen, gänzlich aufgeben dürfen Sie es aber nie, denn durch das regelmäßige Belohnen Ihres Hundes wird seine Ewartungshaltung aufrecht erhalten.

Hinweis:

Ein Hund, der über Belohnungen erzogen wird, verliert nie die Freude am gemeinsamen Tun, kann sich frei entfalten und wird zu einem selbstbewussten und angenehmen Weggefährten.

Das Lernen des Hundes ist erfolgsorientiert. Wenn auf ein gezeigtes Verhalten etwas Positives folgt, wird er es wieder zeigen: Durch Wiederholungen lernt der Hund, was erwünscht ist. Der entscheidende Punkt hierbei ist, dass das Lob sofort (innerhalb von 1–2 Sekunden) erfolgt, wenn der Hund das Erwünschte zeigt. Kommt das Lob zu spät, kann er keinen Zusammenhang herstellen. Im ungünstigsten Fall wird er für etwas Falsches belohnt. Womit die Belohnung erfolgt, hängt von den Vorlieben Ihres Hundes ab. Steht er auf Leckerchen, so werden diese für ihn die richtige Motivation sein. Bei anderen Hunden kann die Belohnung in einem Spiel bestehen. Streicheln oder auch nur die freudige Stimme werden stets als Lob empfunden.
Wichtig ist die Variation der Mittel. Manchmal ist eine Bestätigung mit ruhiger Stimme und Streicheln angebracht, ein anderes Mal ein ausgelassenes Spiel. In der Lernphase müssen Sie Ihren Hund jedes Mal entsprechend belohnen, wenn er das gewünschte Verhalten zeigt.

Die Stimmbildung im Umgang mit Ihrem Hund ist von entscheidender Bedeutung.
Frauen haben Schwierigkeiten, ihrer Stimme in entsprechenden Situationen Nachdruck zu verleihen. Hingegen üben die Männer mit ihrer tiefen Stimme häufig zu viel Druck aus. Es fällt ihnen schwer, den Hund in freundlicher und fröhlicher Tonlage anzusprechen. Üben Sie den Umgang mit Ihrer Stimme! Sie werden feststellen, dass Ihr Hund viel besser auf Ihre Stimme reagiert.
Sprechen Sie mit freudiger Stimme zu Ihrem Hund, wenn er etwas gut gemacht hat. Aus einem lahmen, emotionslosen »brav« wird er keine Bestätigung für sein Tun entnehmen können. Zeigen Sie Ihre Freude über die Stimme, aber auch in Ihrer Körperhaltung und einem freundlichen Gesichtsausdruck.

Soll der Hund zum Beispiel ruhig liegen bleiben, darf auch nur mit ruhiger Stimme gesprochen werden. Eine helle, begeisterte Stimme würde ihn zum Aufstehen bewegen. Gewöhnen Sie

Spielen macht Spaß und fördert die Bindung.

Ihren Hund an einen ruhigen und freundlichen Umgangston und schreien Sie Ihre Hörzeichen nicht heraus. Vermeiden Sie ständigen Druck in der Stimme, das tötet die Freude an gemeinsamen Aktionen. Um beim Hund keine Zweifel aufkommen zu lassen, dass Sie auch meinen, was Sie sagen, müssen Sie jegliche »Fragezeichen« in Ihrem Tonfall vermeiden. Beobachten Sie Ihren Hund und lernen Sie, sein Verhalten zu deuten. Dann werden Sie merken, wann die Stimme beruhigend, aufmunternd oder streng sein muss. Ein freundlicher Umgangston schließt Gehorsam nicht aus. Wichtig ist die Konsequenz Ihres Handelns. Wenn der Hund gelernt hat, dass es verbindlich ist, was

Sie sagen, dann sind laute und rüde Töne selten von Nöten.

Hinweis:

→ Die unterschiedlichen Tonlagen beeinflussen das Verhalten des Hundes, denn die Botschaft liegt in Ihrer Stimme.

Die täglichen Erziehungsübungen dürfen nicht die einzige Beschäftigung im Zusammenleben mit Ihrem Hund sein. Möchten Sie den Bedürfnissen des Hundes gerecht werden, so ist das tägliche Spiel von großer Bedeutung.

Beim gemeinsamen Spiel erlebt der Hund Glücksgefühle und eine gelöste, spannungsfreie Atmosphäre. Es macht ihm einfach Spaß. In Zukunft bringt er diese positiven Gefühle mit Ihnen in Verbindung und wird schneller lernen, sich auf Sie zu konzentrieren. Dadurch wird seine Bereitschaft zum Gehorsam wesentlich erhöht und die Erziehung erleichtert.

Beim Spielzeug haben sich Naturkautschukartikel mit Seil bzw. Band bewährt. Sie sind ungefährlich für den Hund und durch das Band behalten Sie die Kontrolle über das Spiel. Die Größe hängt natürlich von der Hundeschnauze ab. Das Spielzeug sollte nicht zu groß sein, damit Sie es gut in die Tasche stecken können, um es gegebenenfalls außer Sicht des Hundes zu haben. Es kann sein, dass Ihr Hund es weich und leicht mag. Dann eignen sich auch kleine circa 7 cm lange Taue oder Beißwürste aus Jute als Spielzeug. Damit Ihr Hund lernen kann, welcher Teil des Spielzeugs für ihn bestimmt ist, halten Sie das Seil so kurz, dass der Hund nur noch den anderen Teil in den Fang nehmen kann. Spielen Sie ausschließlich mit ihm, wenn er den richtigen Teil festhält. Manchmal sind mehrere Versuche nötig, aber zeigen Sie keine Ungeduld. Ansonsten geht der Spaß für Ihren Hund verloren.

Ein Hund benötigt keine randvolle Spielzeugkiste, aber ein paar Lieblingsspielzeuge kann er durchaus haben. Diese sollten unterschiedlich in Material und Form sein, damit sie für verschiedene Spiele und Übungen genutzt werden können.

Hilfsmittel für das Training.

Freudiges Spielen mit dem Tau.

28

Zwei, die motiviert, engagiert und konzentriert spielen.

Hinweis:

→ Das gemeinsame Spiel mit Ihrem Hund fördert die Bindung und die Lernfreudigkeit.

Leckerchen können einen verfressenen Hund motivieren. Die extreme Fixierung auf das Futter verhindert jedoch, dass er die eigentliche Aufgabe wahrnimmt. Verzichten Sie eventuell ganz auf Futter oder wählen Sie ein weniger attraktives. Als Futterbelohnung für besondere Anlässe haben sich Käse, Trockenfisch oder Brühwurst bewährt. Normales Trockenfutter eignet sich auch.

Wichtig für die Fütterung: Wenn Sie täglich üben, müssen Sie die Belohnungsportionen von der Tagesration für den Hund abziehen. Bei Futterverteidigern muss auf Abstand zu anderen Hunden geachtet werden.

Futterbelohnung aus der Hand.

→ Wichtig sind in allen Fällen kleine und eher weiche Brocken, damit der Hund sie schnell schlucken kann und der Ablauf der Übungen nicht durch zu langes Kauen unterbrochen wird.

Welche Belohnung Sie wählen, hängt vom Hund und der Situation ab. Das Spiel als Belohnung, ob durch Ihre Körperbewegungen oder mit einem Spielzeug, wird von vielen temperamentvollen Hunden sehr geschätzt.

Zur Grundausstattung Ihres Hundes gehören: ein breites Halsband (bei Prüfungen sind meistens nur Kettenhalsbänder erlaubt, Ausnahme die BH/VT-Prüfung, bei der auch ein Brustgeschirr benutzt werden darf), eine ca. 120 cm lange Leine und ggf. eine 5-m-Arbeitsleine. Auch kann ein »Kopfhalfter« (Halti) auf dem Weg zur Leinenführigkeit für den einen oder anderen Hund sinnvoll sein. Aber wie bei allen Hilfsmitteln ist die richtige Technik Voraussetzung für den erfolgreichen Einsatz.

Wichtig: Lassen Sie sich den korrekten Umgang mit der Schleppleine von einem Ausbilder zeigen und auch beim Kopfhalfter kann es nicht heißen: kaufen, anlegen, Leine einhängen und alles wird gut.

Wenn Sie schon frühzeitig wissen, dass die BH-Prüfung Ihr Ziel sein wird, können Sie bereits beim Welpen die hierzu gebräuchlichsten Hörzeichen verwenden und müssen nicht mühsam, das gilt für Mensch und Hund, später wieder umlernen. Hörzeichen sind normal gesprochene, kurze, aus einem Wort bestehende Kommandos (siehe VDH-Prüfungsordnung). Wählen Sie einen freundlichen, aber bestimmten Ton, um bei Bedarf den Tonfall noch verschärfen zu können.

»Fuß« bedeutet, dass der Hund immer dicht mit seiner Schulter an Ihrem linken Bein gehen muss.

»Hier« bedeutet, dass der Hund sofort und zügig zum Hundeführer kommen muss. Er sollte dann so dicht wie möglich vorsitzen und abwartet, welches Hörzeichen als Nächstes ausgesprochen wird.

Die Hörzeichen »Sitz« und »Platz« sowie alle anderen Aktivitäten des Hundes müssen schnell umgesetzt werden, allerdings sollte hier auf die Rasse geachtet werden. Ein schwerer Leonberger benötigt beispielsweise mehr Zeit als ein Border Collie, um einem Kommando zu folgen. Die Hörzeichen können in jeder Sprache erfolgen, müssen aber für eine Tätigkeit immer gleich sein (siehe VDH-Prüfungsordnung).

Wenn Sie das Hörzeichen »Sitz« als ein lang gezogenes »Siiiitz« aussprechen, können Verwechslungen seitens des Hundes mit »Platz« durch den gleichen Zischlaut am Ende beider Worte vermieden werden. Alternativ können Sie auch »Sit« sagen.

Um sicher zu sein, dass Ihr Hund seine Aufmerksamkeit auf Sie richtet, trainieren Sie unbedingt den Blickkontakt. Ob beim Welpen oder auch später: Der Ablauf ist gleich.

»Was willst du?« Der etwas andere »Blickkontakt«.

Denken Sie sich ein Wort für diesen Blickkontakt aus, beispielsweise »Schau« oder »Guck mal«. Lassen Sie den Hund vor sich absitzen. Nehmen Sie nun ein Leckerchen und halten es in Ihrer Augenhöhe. Der Hund wird nach Ihrer Hand schauen. Loben und belohnen Sie ihn mit einem »Schau« und dem Leckerchen. Wichtig ist die gerade Linie Hundeaugen – Leckerchen – Menschenaugen. Später wird der Hund neben Ihnen sitzen und beim Hören des zu Beginn ausgewählten Hörzeichens seinen Kopf zu Ihnen drehen und den Blickkontakt aufnehmen.

Hinweis:

→ Ziel ist, dass der Hund lernt, sich auf Sie zu konzentrieren und Informationen bzw. Hörzeichen über den Blickkontakt zu erhalten.

Ein weiteres Sichtzeichen, das im täglichen Umgang von Nutzen sein kann, ist die Hand, die mit gespreizten Fingern und der Handinnenfläche als Stoppsignal zum Hund zeigt.

32

Hat er gelernt, Hör- und Sichtzeichen miteinander zu verknüpfen, kann ihn schon dieses Handzeichen dazu bringen, in der Position zu verharren, in der er gerade ist. Ob sitzen, liegen oder stehen, Ihr Hund wird auf das nächste Zeichen warten.

Die Körpersprache, zum Beispiel das Handzeichen, kommt dem Hund sehr entgegen, denn es entspricht seiner Natur, aus Beobachtungen Informationen zu erhalten und daraus Rück-schlüsse zu ziehen. Es ist gut, wenn der Hund zweigleisig lernt. Dennoch muss er Sicht- und Hörzeichen getrennt voneinander umsetzen können.

Hinweis:

Bei der Prüfung sind keine Handzeichen erlaubt. Zur Unterstützung beim Training sind sie aber durchaus sinnvoll.

Eindeutige Körpersprache mit Handzeichen.

Ein weiteres gutes Mittel für eine einwandfreie Verständigung und zum positiven Lernen ist ein sogenanntes Lobwort. Dieses Wort sagt dem Hund, dass er sich richtig verhalten hat und er eine Belohnung erwarten kann. Dadurch wird die Zeitspanne zwischen seinem richtigen Tun und der Belohnung überbrückt. Sie können damit Ihren Hund auf Entfernung für sein richtiges Verhalten bestätigen. Gegebenenfalls können Sie ihn anschließend zusätzlich mit Futter belohnen. Dieses Wort, beispielsweise »Klasse« oder »Prima« benutzen Sie immer dann, wenn der Hund ein ihm gegebenes Hörzeichen ausführt, beispielsweise »Sitz«.

Reihenfolge:
Hörzeichen, Sichtzeichen ➜ Hund reagiert ➜ Lobwort ➜ Leckerchen.

Ist es die erste Prüfung, an der Sie mit Ihrem Hund teilnehmen wollen, so ist es sinnvoll, diese auf einem regelmäßig besuchten Übungsplatz abzulegen. Dieses Gelände ist Ihnen beiden vertraut und Sie wissen genau, wo zum Beispiel im Laufschema die erste Grundstellung für die Leinenführigkeit beginnt. Und ohne die Schritte zu zählen, wissen Sie, wann und wo der nächste Winkel oder das »Sitz« aus der Bewegung gezeigt werden müssen. Auf einem vertrauten Gelände werden Sie sich auch einen Fixpunkt gemerkt haben, der es Ihnen ermöglicht, in gerader Linie 40 bis 50 Schritte zu gehen, wie es eine Prüfungsaufgabe vorsieht. Das alles und die vertrauten Menschen geben Ihnen Sicherheit und helfen Ihnen, etwaige Nervosität in Grenzen zu halten. Denken Sie an Ihren Hund, und versuchen

Sie, Ruhe auszustrahlen! Wirken Sie aufgeregt, bleibt ihm das natürlich nicht verborgen und er wird unkonzentriert sein.
Sollte die Prüfung auf einem anderen Hundeplatz stattfinden, der sich aber in Ihrer näheren Umgebung befindet, ist es oft möglich, einige Male vor dem Prüfungstermin dort zu üben.

Manchmal ist der Prüfungsort einige Autostunden entfernt. Um so wichtiger ist es, frühzeitig vor Ort zu sein, um zusätzlichen Stress durch Zeitdruck zu vermeiden. Zusammen mit Ihrem Hund können Sie sich dann in Ruhe mit dem Übungsplatz und den weiteren örtlichen Gegebenheiten vertraut machen. Ebenso eröffnet sich Ihnen die Möglichkeit, sich den Platz einzuteilen und sich Fixpunkte für die Übungen zu setzen.
Im Vereinsheim geben Sie Ihre Unterlagen dem Prüfungsleiter. Im Anschluss werden Sie dort den Zeitplan für den Prüfungsablauf erfahren.

Gehen Sie davon aus, dass Sie alles gut eingeübt haben, sich und Ihrem Hund vertrauen können und der Ausbilder Sie sicherlich nicht zur Prüfung angemeldet hätte, wenn er Ihnen und Ihrem Hund den Erfolg nicht zutrauen würde. Sollte es nicht klappen, haken Sie es als Erfahrung ab.

Übungsschritte für die Leinenführigkeit

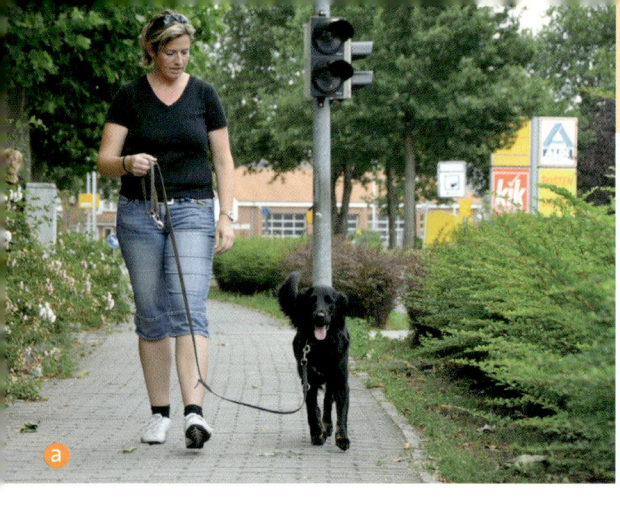

Das »Bei-Fuß-Gehen« stellt für viele Hundbesitzer ein großes Problem dar. Von Welpenbeinen an hat der Hund gelernt, dass mit dem »An-der-Leine-Ziehen« Positives verbunden ist: Den Druck der straffen Leine am Hals spürte er immer dann, wenn er auf etwas Verlockendes zugelaufen ist. Nun wird aber genau das Gegenteil vonnöten. Die Leine soll durchhängen (der Bolzen-/Karabinerhaken hängt herunter). Ob bei der Unterordnung auf dem Platz oder dem Verkehrsteil: Ihr Hund muss leinenführig sein.

Es gibt zwei Möglichkeiten, dem Hund zu vermitteln, was von ihm erwartet wird. Führen Sie den Hund an einer sogenannten Doppelleine (ca. 2 Meter), bietet sich der Richtungswechsel an. Sobald der Hund das Tempo erhöht und Sie genau wissen, die Leine wird bald straff sein, gehen Sie rückwärts, ohne sich herumzudrehen (Rückwärtsgang). So vermeiden Sie einen harten Leinenruck. Sie können noch sehen, was Ihr Hund sieht, worauf und wie er reagiert und können entsprechend handeln. Kommt er nun zu Ihnen zurück, weil das Ende der Leine ihn dieses Mal am Weitergehen hindert, gehen Sie so lange rückwärts weiter, bis er fast auf Ihrer Höhe ist. Erst dann drehen Sie sich herum, um mit Ihrem Hund gemeinsam in die neue Richtung zu gehen. Zieht er wieder nach vorne, wiederholen Sie sofort den gesamten Ablauf. Die entscheidenden Punkte hierbei sind: Sie reden ausschließlich freundlich mit dem Hund, wenn die Leine durchhängt, er neben Ihnen ist und – im Idealfall – wenn er den Blickkontakt sucht.

Richtungswechsel für das Gehen an durchhängender Leine.

> **Hinweis:**
>
> Das Ziel ist, dass der Hund Sie nicht hinter sich »vergisst«, sondern selber auf das Gehen an lockerer Leine achtet.

Sonst gehen Sie wortlos weiter. Beginnt der Hund nun, sein Tempo zu verlangsamen und geht einige Schritte neben Ihnen her, erhöht dann aber wieder sein Tempo, reichen jetzt meist nur einige Rückwärtsschritte, um ihn wieder zu sich zu holen. Wenn dieser Lernschritt für beide verinnerlicht ist, können Sie ihm entgegengehen, wenn er auf seinem Weg zurück fast bei Ihnen angekommen ist. Gehen Sie so, dass er sich umdrehen und sich Ihnen auf der linken Seite anschließen muss. Sagen Sie freundlich »Fuß«, gehen einige Schritte und belohnen ihn.

Achten Sie unbedingt darauf, dass Ihr Hund auch korrekt »Fuß« geht. Wenn Sie ihm beim täglichen Spaziergang das Hörzeichen geben vergessen Sie nicht, es wieder aufzuheben. Wünschen Sie seine Konzentration nicht mehr, können Sie ihn mit einem Hörzeichen wie beispielsweise »Schnuppern« entlassen. Entlassen Sie ihn aber nur aus seiner Aufmerksamkeitspflicht, wenn die Leine durchhängt. Ist die Leine gestrafft (und vorausgesetzt, dass er die obige Lektion begriffen hat), können Sie ihn mit dem Hörzeichen »Langsam« an seine Aufgabe erinnern.

Das konzentrierte »Fuß«, das Gehen des Hundes dicht am linken Bein, erlernt der Hund, am leichtesten mit Futterbelohnung – egal, wie alt er ist. Um ihm dies beizubringen, lassen

Motivation durch Leckerchen.

Sie Ihren Hund an Ihrer linken Seite absitzen, nehmen Ihre Leine in die rechte und das Futterstück in die linke Hand (Hundeseite). Hal-ten Sie dem Hund das Leckerchen an die Nase. Hierbei ist es wichtig, die Hand nicht zu weit vom Körper wegzuhalten, weder zu weit nach vorne, noch nach links außen. Das Futter sollte immer in Ihrer Nähe sein, sodass der Hund ganz dicht an Ihrem linken Bein gehen muss.

Mit dem am Leckerchen »klebenden« Hund gehen Sie nun zwei, drei Schritte nach vorne. Geht er dicht neben Ihnen, sagen Sie fröhlich Ihr Lobwort und geben das Leckerchen frei. Die Futterbelohnung erhält er nur als Abschluss und nicht während des Fußgehens, denn das Annehmen des Futters unterbricht den Ablauf bis zum Stehenbleiben des Hundes. Bei diesen ersten Schritten können Sie sich gleichzeitig das Angehen mit dem linken Fuß angewöhnen. Es wird im Verlauf aller »Fuß-Übungen« für den Hund von Bedeutung sein und sollte daher besonders intensiv geübt werden. Um

dem Hund dies beizubringen, locken Sie ihn mittels des Leckerchens zunächst in die Grundstellung. Gehen Sie nun mit dem linken Fuß los, wieder zwei, drei Schritte nach vorne. Nach einigen Wiederholungen wird der Hund merken, worauf er zu reagieren hat. Erst wenn der Hund stets dicht am Bein bleibt, Ihr Umgang mit ihm also sicher ist, geben Sie dieser Übung den Namen »Fuß«. Wenn das Hörzeichen zu früh gegeben wird, kann es passieren, dass es vom Hund falsch zugeordnet wird.

Setzen Sie sich keine falschen Ziele: Es geht zunächst nicht um die Länge der Strecke, sondern allein darum, dass der Hund lernt, sich in Bewegung zu setzen, sobald Sie Ihr linkes Bein bewegen.

Angehen aus der Grundstellung mit dem linken Bein.

Nun ist es an der Zeit, die »Am-Leckerchen-Klebephase« zu beenden. Der Hund muss jetzt lernen, ohne Ihre Hand mit Leckerchen an seiner Nase »Fuß« zu laufen. Damit geht einher, dass Sie auch wieder eine aufrechte Körperhaltung einnehmen. Das geschieht Schritt für Schritt, denn der Hund darf weder das Interesse verlieren, noch nach der Hand springen. Bewegen Sie deshalb die Hand leicht schräg zum Körper, und belohnen Sie sein richtiges Verhalten mit dem Lobwort und Futter. Wenn Sie den Arm angewinkelt halten können, Ihr Hund dabei aufmerksam neben Ihnen geht und den Blickkontakt zu Ihnen hält, ist der entscheidende Lernabschnitt bereits erfolgreich beendet.

Hinweis:

→ Damit der Hund immer dicht am Körper geht, führen Sie Ihre Hand entsprechend.

Konzentrationsaufbau mit Handzeichen und Blickkontakt.

Steigern Sie die Schrittzahl mit Bedacht, denn Konzentration und Blickkontakt sind entscheidend für das gewünschte »Fußgehen«.

Gibt der Hund den Blickkontakt schon nach wenigen Schritten auf, beenden Sie kommentarlos die Übung und beginnen noch einmal neu. Das Weitergehen des Hundes mit Locken (einer Zuwendung) erreichen zu wollen, würde von ihm als Belohnung für sein Wegschauen aufgefasst werden. Unterbrechen Sie also auf jeden Fall den Ablauf!

Das Gehen von Rechts- und Linkskreisen unterstützt diesen Übungsabschnitt. Achten Sie dabei auf das Tempo und die Körperhaltung. Notfalls können Sie mit einem Spielzeug die Motivation erhöhen. Als Hilfsmittel eignen sich Pylonen, die auf nahezu allen Hundeplätzen vorhanden sind. Stellen Sie zwei in nicht zu großem Abstand zueinander auf und umrunden Sie sie in einer Acht. Alternativ können Sie auch drei bis fünf Pylonen in einer Reihe aufstellen und diese in einer Schlangenlinie durchlaufen. Um gegebenenfalls zu Hause weiterzuüben, können Sie Eimer oder Blumentöpfe umfunktionieren. Möchten Sie Ihren Hund mit einem Spielzeug motivieren, halten Sie dieses in der rechten Hand, die linke hält entspannt die Leine, wenn nötig. Zur Bestätigung wird es dann in Laufrichtung des Hundes geworfen.

Hinweis:

 Den angeleinten Hund beim Spielen niemals in die Leine laufen lassen!

Die Motivationshilfen müssen natürlich nach und nach abgebaut werden. Bei Prüfungen sind sie ohnehin nicht erlaubt. Sie erreichen den Abbau, indem Sie das Spielzeug zunächst für den Hund sichtbar vor Ihren Körper halten, dann halten Sie es neben sich und lassen es schließlich in Ihrer Hosentasche verschwinden. Das »übertriebene« Anwinkeln des Arms reduzieren Sie nach und nach auf einen maximal leicht angehobenen Unterarm.

Hinweis:

 Es ist entscheidend, das »Fußgehen« eingehend zu üben, denn es zieht sich wie ein roter Faden durch die gesamte Begleithund-Prüfung.

Hat Ihr Hund gelernt, dicht am linken Bein zu gehen und den Blickkontakt über eine längere Strecke zu halten, können nun die Winkel eingeübt werden. Beginnen Sie am Besten mit dem Winkel nach links. Im verhaltenen Tempo setzen Sie Ihren linken Fuß in die neue Richtung.

Damit schneiden Sie Ihrem Hund praktisch den Weg ab. Der Oberkörper dreht sich im Anschluss auch nach links, wobei der rechte Fuß ebenfalls in die neue Richtung nachgeführt wird, sodass ein korrekter Winkel ausgeführt ist. Wichtig ist, dass der linke Fuß immer die neue Richtung einschlägt und Sie einen exakten Winkel (90°) und keinen Bogen gehen. Belohnen Sie Ihren Hund nach jedem Winkel mit einem Leckerchen, das Sie in der linken Hand

Üben mit Stangen für korrektes Winkelgehen.

halten. Auch beim rechten Winkel wählen Sie das Tempo so, dass Ihr Hund konzentriert ist und den Anschluss hält. Auch hier müssen Sie ihn für sein richtiges Verhalten belohnen. Als Hilfsmittel können Sie sich Stangen in den entsprechenden Winkeln auf den Boden legen, um so das korrekte Gehen zu üben. Normales Schritttempo gehen Sie erst, wenn der Hund das Winkelgehen korrekt ausgeführt hat.

In einem weiteren Abschnitt der Unterordnung werden auch Tempowechsel verlangt. Auf einer Gesamtlänge von ca. 50 Schritten müssen Sie die drei Gangarten »Normalschritt«, »Laufschritt« und »langsamer Schritt« zeigen.

- Der Normalschritt ist eine zügige Gangart.

- Den Laufschritt kann man mit einem lockeren Joggen vergleichen.

- Der langsame Schritt ist fast in Zeitlupe auszuführen.

Laufschritt.

Die Übergänge zwischen den einzelnen Gangarten müssen abrupt gezeigt werden, d.h. möglichst von einem Schritt zum nächsten.

Sie beginnen im Normalschritt und wechseln dann mit dem kurz gesprochenen Hörzeichen »Fuß« für einige Schritte in den lockeren Laufschritt. Ihr Hund sollte inzwischen gelernt haben, sich auf Sie zu konzentrieren. Veranlasst ihn jedoch das ungewohnte Tempo dazu, alles zu vergessen und in die Leine zu laufen, gehen Sie wieder rückwärts wie beim Abschnitt Leinenführigkeit beschrieben. Passt er sich Ihrem Tempo an und die Leine hängt locker durch, be-

stätigen Sie ihn während des Laufens mit aufmunternden Worten. Am Schluss der Übung sprechen Sie Ihr Lobwort und belohnen ihn danach weiter mit Futter.

Für manche Hunde ist die langsame Gangart sehr schwer zu erlernen. Auf jeden Fall erfordert der gemächliche Gang die volle Konzentration und das ganze Lernvermögen des Hundes. Wenn Sie mit dem Training dieser Gangart beginnen, kann es passieren, dass sich der Hund ansatzweise setzt, weil er denkt, Sie bleiben stehen. Gehen Sie dann langsam mit einem langgezogenen Hörzeichen »Fuuuß« weiter. Bewegen Sie sich selbst wie in Zeitlupe. Ihr Hund wird sich an Ihnen orientieren und deutlich langsamer gehen.

Achten Sie beim Tempowechsel darauf, wie Sie das Hörzeichen »Fuß« aussprechen. Soll Ihr Hund im Laufschritt gehen, sprechen Sie das Hörzeichen kurz und aufmunternd aus. Für den langsamen Schritt dehnen Sie das »Fuuuß« mit ruhiger und etwas gedämpfter Stimme. In der Lernphase der verschiedenen Schrittgeschwindigkeiten sollten Sie ihn bereits nach wenigen Schritten belohnen und dabei nicht vergessen, das Lobwort zu verwenden. Nach den ersten Lernerfolgen beginnen Sie dann mit Bedacht, die Schrittzahl zu steigern.

Übergang in den langsamen Schritt.

Übungsschritte für die Kehrtwendung

Die geforderte Kehrtwendung kann auf zwei Arten gezeigt werden. Dabei wird sie aber stets als Linkskehrtwendung ausgeführt.

Bei einer Kehrtwendung vollziehen Sie eine Wendung von 180°, wobei Ihr Hund an Ihrer linken Seite bleibt. Wenn Sie einerseits die Winkel sorgfältig trainiert haben, und bei den »Fuß-Übungen« Schlangenlinien und Kreise schon eingebaut hatten, wird die Kehrtwendung keine schwierige Aufgabe für Sie und Ihren Hund sein.

Ablauf der Kehrtwendung im Normalschritt.

47

Eine andere Möglichkeit, die Kehrtwendung zu üben, ist ein »Sich-um 180°-auf-dem-Absatz Umdrehen-zum-Hund«, wobei Sie den zu Beginn der Übung angeleinten Hund hinter Ihrem Rücken wieder auf Ihre linke Seite führen. Das Hörzeichen »Fuß« sprechen Sie in dem Augenblick aus, in dem Sie sich zum Hund drehen. Zum Erlernen des Übungsabschnitts sitzt Ihr Hund neben Ihnen in der Grundstellung. Mit einem Futterstück in der rechten Hand drehen Sie sich nach links zum Hund und führen ihn mit dem Leckerchen hinter Ihrem Rücken wieder auf die linke Seite in die Grundstellung. Das Futterstück wechselt dabei von der rechten in die linke Hand. Das Hörzeichen »Fuß« wird erst gegeben, wenn der Hund ohne zu zögern der Hand folgt. Denken Sie auch bei dieser Übung daran, dass Sie den Hund dicht am Körper führen. Wenn für sie beide der Ablauf klar ist, wird das Tempo gesteigert.

Das Spiel als Belohnung.

Hinweis:

➡ Ein Spielzeug kann zur Steigerung des Tempos und zur Belohnung eingesetzt werden.

Im weiteren Übungsaufbau belohnen Sie den Hund erst, wenn er einige Schritte korrekt neben Ihnen gegangen ist. Komplett ist die Übung, wenn sie aus der Bewegung (wobei Sie das Hörzeichen »Fuß« geben) eine Kehrtwende vollziehen und der Hund dabei an Ihrer linken Seite bleibt. Es hört sich komplizierter an, als es ist: Schon nach zwei, drei Versuchen werden Sie den Bogen raushaben.

Hinweis:

➡ Einige Trockenübungen ohne Hund können Ihnen helfen, den Ablauf besser zu verinnerlichen.

Übungsschritte für die Begegnung mit einer Personengruppe

Zwischen den Teilen »Leinenführigkeit« (mit Leine) und »Freifolge« (ohne Leine) wird in der Prüfung das Gehen durch eine Menschengruppe (mindestens 4 Personen) gefordert. Die Aufgabenstellung sieht vor, dass die Personen sich bewegen und dabei auch eine ruhige Unterhaltung führen, wobei die Gruppe dem Hund jedoch in keiner Weise Beachtung schenken

darf. Im ersten Übungsteil gehen Sie mit Ihrem angeleinten Hund Achten um die Personen der Gruppe herum, mindestens einmal rechts und einmal links herum. Bleiben Sie anschließend dicht an einer Person stehen und nehmen Sie mit Ihrem Hund die korrekte Grundstellung ein. Auf Zeichen des Richters verlassen Sie die Gruppe wieder. Gehen Sie nun einige Schritte und machen Sie eine Kehrtwendung. Bewegen Sie sich mit Ihrem Hund circa 4 Schritte in Richtung Gruppe. Halten Sie an und zeigen Sie

Konzentriertes Gehen durch die Personengruppe.

die Grundstellung. Leinen Sie Ihren Hund nun ab. Die Leine können Sie sich um die Schulter hängen (der Bolzen-/Karabinerhaken befindet sich dabei auf der rechten Seite) oder in die rechte Jacken- oder Hosentasche steckten. Gehen Sie nun mit Ihrem frei folgenden Hund wie vorher durch die Gruppe durch. Halten Sie mit ihm wieder in der Nähe einer Person an und nehmen Sie die Grundstellung ein.

Die Übung endet, sobald Sie die Gruppe verlassen und ein letztes Mal mit Ihrem Hund die Grundstellung gezeigt haben. Diese Position können Sie für den Beginn der nun anschließenden »Freifolge« nutzen.

Üben Sie anfangs mit dem angeleinten Hund. Zu Beginn sollten die Personen der Gruppe ein-

fach nur stehen. Setzen Sie zur Belohnung Ihres Hundes auf jeden Fall tolle Leckerchen ein. Kennt Ihr Hund die Personen, kann es natürlich gut sein, dass er sie freudig begrüßen möchte oder auf ein Leckerchen hofft. Das müssen Sie verhindern. Sie machen das, indem Sie ihn mit Futter ablenken bzw. seine Konzentration mit Ihrer Stimme auf sich lenken. Wenn Sie einen sensiblen Hund mit dieser Übung vertraut machen möchten, ist es sinnvoll, den Abstand der einzelnen Personen nicht zu eng werden zu lassen. Das empfindet der Hund als wesentlich entspannter. Bleiben auch Sie stets ruhig und relaxt, damit Ihr Hund sich gerne auf Sie konzentriert. Hat Ihr Hund den Ablauf verstanden und geht locker mit, können Sie beginnen, den Ablauf ohne Leine zu üben. Erst wenn das alles auch ohne Leine prima vom Hund umgesetzt wird, erhöhen Sie den Schwierigkeitsgrad. Die Personen werden nun aufgefordert, sich zu bewegen und dabei zu unterhalten. Sofern Sie mit Ihrem Hund diese Aufgabe problemlos schaffen, können Sie darangehen, die Motivationshilfen nach und nach zu reduzieren.

Hinweis:

Auf Übungsplätzen ist es üblich, sich mit einem »Gruppe danke« von der Personengruppe zu entfernen, sonst kostet es eine »Runde« an die Gruppenteilnehmer. Möglichst auch bei der Prüfung nicht vergessen!

Entspannung während des Trainings.

Übungsschritte für die Freifolge

Es ist gleich, was Sie üben und worauf Sie hinüben. Anfangs ist es sinnvoll, den Hund an die Leine zu nehmen. Das dient allein dem Ziel, ein Entfernen des Hundes zu verhindern, und nicht, ihn mit Hilfe der Leine in diverse Positionen zu ziehen. Ein Griff ins Halsband würde die gleiche Funktion erfüllen. Voraussetzung dafür wäre jedoch, dass der Hund eine entsprechende Körpergröße hat und Sie zum Beispiel bei einem langhaarigen Hund schnell greifen können. Gleichzeitig müssten Sie stets sehr schnell handeln.

Ein Gezerre am Halsband ist für den Hund auch immer mit negativen Gefühlen und Stress verbunden. Durch die Leine haben Sie einen Abstand und können den Hund entspannter zurückholen und im Anschluss die Übung in Ruhe neu aufbauen. Kurz gesagt: In den meisten Fällen ist die Leine zweckdienlicher.

Die Gründe, warum Hunde sich entfernen wollen, sind vielfältig: Unkonzentriertheit und Ablenkung, Überforderung, hormonelle Befindlichkeiten oder Witterung. Nicht zuletzt kann die Ursache für den Entfernungsversuch in der Stimmung liegen, die Sie vermitteln. Unabhängig davon darf ein Hund nicht die Erfahrung machen, sich einfach und ohne unmittelbare Konsequenzen entfernen zu können.

Bei allen Übungen für die BH/VT-Prüfung sollten Sie Ihren Hund so lange an der Leine führen, bis Sie sicher sein können, dass er die Übung verinnerlicht hat. Wenn dies gelungen ist – der Hund also seine Konzentration aufrecht erhalten kann – wechseln Sie von der Leinenführigkeit in die Freifolge. Hierbei müssen Sie alle Einzelübungen mit den Motivationshilfen neu aufbauen, die Sie auch sonst eingesetzt haben.

Beginnen Sie zu früh mit der Freifolge besteht immer die Gefahr, dass Sie zu viel korrigieren müssen. Dies gilt es zu vermeiden. Den Ausstieg aus der Leinenführigkeit und den Einstieg in die Freifolge kann auch ein Kurzführer, der aus einem kurzen Stück Leder- oder Nylonband mit einem Bolzen-/Karabinerhaken besteht und am Halsband eingehängt wird, erleichtern.

Hinweis:

Wenn Sie die Hilfen zu schnell oder zu plötzlich abbauen, wird Ihr Hund verunsichert sein: Fehler sind dann vorprogrammiert.

Hörzeichen »Hier« und 65 kg setzen sich schnellstmöglich in Bewegung.

Winkel in der Freifolge: Die Leine und die Stangen werden nicht mehr benötigt.

Übungsschritt für das »Wartenkönnen«

Das »Wartenkönnen« ist ein weiterer wichtiger Bestandteil der BH-Prüfung. Sie brauchen dies bei der Ablage, bei der Sie 30 Schritte vom Hund entfernt stehen müssen, sowie in der Sitz- und Platzübung aus der Bewegung heraus. Bei der Ablage entfernen Sie sich circa 30 Schritte von Ihrem Hund, der dann diese Position so lange einhalten muss, bis Sie ein neues Hörzeichen geben.

Erster Übungsschritt zum Sitzenbleiben.

Die Lernschritte sind bei beiden Übungen, ob »Sitz« oder »Platz«, gleich: Immer wird das richtige Ausführen belohnt. Geben Sie Ihrem Hund zum Beispiel das Hörzeichen »Sitz«, bleiben Sie vor ihm stehen und halten ihm gleichzeitig die Handinnenfläche entgegen. Bleibt er sitzen, sprechen Sie das Lobwort aus und geben ihm ein Leckerchen. Um die Anforderung zu erhöhen, gehen Sie zunächst einen Schritt nach rechts. Kurz darauf gehen Sie mit einem Schritt nach links zurück in die Frontstellung zu ihm. Analog gehen Sie dann zur linken Seite. Die Handinnenfläche zeigt während des gesamten Vorgangs immer zum Hund. Ist die Übung erfolgreich absolviert, folgen das Lobwort und die Futterbelohnung.

Alternativ können Sie sich wieder neben den Hund in die Grundstellung begeben, um ihn dann zu belohnen.

Der nächste Lernschritt ist nun, in einem engen Kreis um den Hund herumzugehen, später gehen Sie dann in einem größeren um ihn herum. Der Hund muss dabei sitzen bleiben, selbst wenn Sie sein Sichtfeld verlassen haben. Um ihm die Aufgabe zu erleichtern, gehen Sie jeweils mit auf ihn zugewandtem Oberkörper an ihm vorbei. Dies aber nur ein kurzes Stück, dann treten Sie wieder vor ihn und belohnen ihn. Wenn der Hund bei dieser Übung sitzen bleibt, gehen Sie weiter, bis Sie hinter dem Hund stehen, um dann den Kreis zu vollenden.

»*Platz*« *ist Platz trotz Leinenzug.*

Ein weiterer Schritt ist nun das Entfernen in gerader Linie vom Hund.

Hinweis:

→ Wenn Sie die Entfernung vergrößern, gehen Sie mit Bedacht vor. Mit der größeren Distanz steigt auch automatisch die Verweildauer für den Hund, was ihn zum Aufstehen verleiten kann.

Achten Sie hierbei auf Ihre Stimme. Bleiben Sie freundlich und bestimmt. Häufig legen Halter aus Reflex einen lauten und drohenden Unterton in Ihre Stimme, nur weil sich die Entfernung vergrößert. Ein Hund kann sich dadurch unwohl fühlen und sich vielleicht sogar verunsichern lassen. Es kann dann passieren, dass er seine Position verlässt oder verändert. Aus der »Sitz-Position« wechselt er dann in die »Platz-Position« oder kommt gar langsam hinter Ihnen hergelaufen. Ebenso sollten Sie einen extremen Blickkontakt beim Zurückkehren zum wartenden Hund vermeiden: Auch dies kann ihn verunsichern. Markieren Sie die Stelle, an der Ihr Hund sitzt (oder liegt), mit einer Pylone oder Ähnlichem für den Fall, dass er die ihm zugewiesene Position verlässt. Dann können Sie ihn dorthin zurückbringen, um die Übung 1:1 zu wiederholen. Das erhöht den Lerneffekt.

Entfernen vom und Belohnen des liegengebliebenen Hundes.

c

f

Hinweis:

→ Bei diesen Übungen ist es entscheidend, die nächste Schwierigkeitsstufe erst dann zu beginnen, wenn der Hund die vorherige verstanden hat und korrekt ausführt. Gehen Sie so vor, dass der Hund die Aufgabe erfüllen und keine Fehler machen kann.

Das Hörzeichen »Platz« bedeutet, dass der Hund so lange liegen bleiben muss – selbst wenn es »Stunden« sind – bis die Anweisung von Ihnen durch ein Hör- oder Sichtzeichen aufgehoben wird.

Einen Unterschied müssen Sie unbedingt zwischen dem Hörzeichen für ein verbindliches »Platz« und dem für ein einfaches »Sichhinlegen« des Hundes machen. Wenn Sie nicht sicher sein können, dass Ihr Hund die verlangte Position auch beibehält, geben Sie nicht das Hörzeichen »Platz«. Wenn Sie für das einfache Liegen irgendwo im Haus ein »Leg dich« oder »Hinlegen« benutzen, weil es für Sie nicht wichtig ist wie lange er dort liegt, erleichtert es Ihrem Hund das Erfüllen der Aufgabe »Platz«. Auch wenn Sie den Hund anbinden, sich entfernen und es Ihnen gleich ist, in welcher Position er auf Sie wartet, reicht ein »Bleib« oder »Warte«.

Bei allen Hörzeichen, die den Hund zum Warten veranlassen, ist es absolut unerlässlich, sie stets wieder mit einem entsprechenden Signal aufzuheben. Niemals darf der Hund selber entscheiden, wann er lange genug in der jeweiligen Position geblieben ist.
Dieses Signal kann das Hörzeichen »Lauf« sein, wenn Sie Ihren Hund nach dem »Sitz« ablei-

nen oder ein »o.k.«, wenn er sich im Anschluss weiter auf Sie konzentrieren soll. Bleiben Sie konsequent, das erleichtert es Ihrem Hund, zuverlässig zu sein!

Im täglichen Leben sollte das »Wartenkönnen«, ob an der Futterschüssel, beim Sprung aus dem Auto, an der Haustür oder beim Apportieren, für ihn eine Selbstverständlichkeit sein. Ist es für Ihren Hund normal, sich zu gedulden, werden diese Übungen Ihnen beiden keine großen Probleme bereiten. Eine sinnvolle Steigerung dieser Warte-Übungen ist das »Außer-Sicht-Gehen«. Anfangs tun Sie dies nur einige Sekunden, in dem Sie sich beispielsweise hinter einen Baum stellen. Bleibt Ihr Hund dabei ruhig liegen, können Sie allmählich die Zeitspanne verlängern. Auch im Haus oder Garten lässt sich das Warten außer Sicht gut trainieren.

Übungsschritte für die Sitzübung

Die Sitzübung des Hundes benötigen Sie in der Grundstellung, beim »Sitz« aus der Bewegung und beim »Vorsitzen« in der Platzübung nach dem Heranrufen.

Damit sich Ihr Hund bei der Grundstellung »automatisch« hinsetzt, müssen Sie diesen Übungsteil häufig wiederholen.
Aus der Grundstellung heraus gehen Sie mit Blickkontakt zum Hund und dem Hörzeichen »Fuß« drei Schritte. Dann bleiben Sie stehen, sagen »Sitz« und loben den Hund. Diese kur-

ze Sequenz wird einige Male wiederholt. Sobald der Hund den Ablauf kennen gelernt hat, wird er sich sofort ohne Hörzeichen hinsetzen. Durch die Wiederholungen entsteht Gewohnheit, und schließlich wird Ihr Hund für das Einnehmen der Grundstellung kein Hörzeichen mehr benötigen, wie es in der Prüfung gefordert ist.

Um das erwünschte Gerade-Sitzen in Laufrichtung zu erreichen, führen Sie die Hand mit einem Leckerchen von links außen nach oben. So dreht der Hund minimal den Kopf nach links, und durch die über den Kopf nach oben ge-

Übungsschritt (Blockieren) für die Sitz-Übung aus der Bewegung.

führte Hand drückt er sich automatisch beim Sitzen an Ihr Bein und setzt sich dadurch gerade hin. Aufgestellte Hindernisse als seitliche Begrenzung können auch helfen, sind aber nicht immer und überall vorhanden. Ist der Hund über diese erste Lernphase hinaus und spielt er gerne, so bietet es sich an, ihn für schnelles und richtiges Sitzen mit einem Spiel zu belohnen.

Beim Sitzen aus der Bewegung kommt es auf die sofortige Umsetzung des Hörzeichens an. Denn während Sie im normalen Schritttempo weitergehen, muss sich Ihr Hund parallel dazu hinsetzen. Deshalb muss er die Hörzeichen »Sitz« und auch »Platz« kennen und sofort ausführen können. Achten Sie bei dieser Übung darauf, dass sich der Hund auf Sie konzentriert. Das erleichtert das Einüben und die richtige Ausführung sehr.

Aus der Grundstellung heraus gehen Sie mit dem Hörzeichen »Fuß« an, nach wenigen Schritten sagen Sie »Sitz«, drehen sich mit zusätzlichem Handzeichen in die Frontstellung zu Ihrem Hund und stoppen ihn so. Setzt er sich unmittelbar, belohnen Sie ihn sofort. Da das Blockieren einen Hund mitunter sehr verunsichern kann, hängt es ganz vom Charakter Ihres Hundes ab, ob Sie sich frontal vor ihn drehen oder dieses nur ansatzweise tun. Zeigt der Hund auf das Hörzeichen »Sitz« erste Ansätze, sich zu setzen, beginnen Sie allmählich, Ihren Oberkörper immer weniger in Richtung des Hundes zu drehen. Am Ende der Lernphase reicht es aus, wenn Sie nur noch neben dem Hund stehen bleiben, um ihn zum Sitzen zu bewegen. Dann können Sie beginnen, auch

das Handzeichen abzubauen. Gelingt dieser Übungsteil, gehen Sie den nächsten Lernschritt an.

Dabei gehen Sie einen Schritt nach vorne, nach dem Sie das Hörzeichen »Sitz« ausgesprochen haben. Danach sprechen Sie das Lobwort aus, gehen zurück zum Hund und belohnen ihn. Nun kann die Entfernung langsam gesteigert werden. Verharren Sie einen kurzen Moment, wenn Sie sich wieder zum Hund umgedreht haben. Erst dann gehen Sie zurück und belohnen ihn. Langsam sollten Sie nun die Dauer des Wartens steigern. Die Art, wie Sie »Sitz« sagen – schnell gesprochen – nicht gebrüllt, sollte die rasche Ausführung noch unterstreichen.

Sportliche Aktivitäten.

Übungsschritte für die Platzübung (Ablegen in Verbindung mit dem Herankommen des Hundes)

Der komplette Übungsteil besteht aus der »Grundstellung«, der »Freifolge«, dem »Platz aus der Bewegung«, dem »Heranrufen«, dem »Vorsitzen« und der abschließenden Rückkehr in die »Grundstellung«, bei der Ihr Hund dicht an Ihrem linken Bein sitzt.

»Platz aus der Bewegung« können Sie ganz ähnlich trainieren wie die Sitzübung aus der Bewegung. Auch hier drehen Sie sich vor den Hund und geben das Hör- und Handzeichen für »Platz«. Ein anderer Weg, es zu trainieren, besteht darin, dass Sie mit Ihrer Hand, in der Sie ein Leckerchen bereithalten, ruckartig ganz dicht vor dem Hund nach unten gehen und dabei »Platz« sagen. Legt er sich schnell, sagen Sie das Lobwort und geben das Futter frei. Diesen Ablauf wiederholen Sie einige Male: Nach und nach sollte Ihre Körperhaltung dabei immer aufrechter werden. Gleichzeitig setzen Sie das Handzeichen immer spärlicher ein, bis Sie es schließlich nur noch andeuten. Auch hier ist es – wie bei der Sitzübung – entscheidend, dass Sie die Schwierigkeit für den Hund nur langsam steigern und ihn nur belohnen, wenn er dem Hörzeichen »Platz« gefolgt ist.
Wiederholen Sie die Übung nicht zu oft und beenden Sie den Übungsschritt mit einem Erfolg.

Um ein schnelles »Platz« zu erreichen, können Sie es auch mit Hilfe eines Beutespiels trainieren. Nach kurzem intensivem Spiel, bei dem der Hund das Spielzeug nicht zu fassen bekommen

darf, geben Sie das Hörzeichen »Platz« und zeitgleich das Sichtzeichen mit der Hand, die es hält. Sobald der Hund liegt, warten Sie einen kurzen Moment und spielen dann mit ihm. Jetzt darf er das Spielzeug fassen. Sie erhöhen seine Motivation zu spielen, indem er nicht bei jedem Mal die Spielbeute erhalten darf. Aber passen Sie auf, dass er dabei den Spaß nicht verliert. Bei diesem Weg, dass schnelle Platz zu trainieren, ist das gemeinsame Spiel immer die Belohnung.

Das Heranrufen des Hundes erfolgt im Laufe eines Tages viele Male und unterscheidet sich meist deutlich von der Zielsetzung des korrekten Herankommens mit Vorsitzen. Ein »Komm, wir gehen weiter«, »Komm ins Haus« oder »Komm, wir gehen spazieren« ist etwas anderes als ein »Hier«. Um dem Hund ein richtiges Umsetzen der Hörzeichen zu ermöglichen, müssen Sie diese entsprechend der Zielsetzung anwenden. Mit dem Hörzeichen »Hier« wird Ihr Hund aufgefordert, sofort auf Körpernähe heranzukommen und vorzusitzen, den Blickkontakt zu halten und zu warten, bis Sie etwas Anderes sagen.

Auch außerhalb des Übungsplatzes sollte das verbindliche Heranrufen des Hundes immer mit »Hier« erfolgen. Dadurch kommen beim Hund keine Zweifel auf: Er soll denken: »Du hast mich gerufen, hier bin ich, was gibt's?«

Rufen Sie schon den Welpen und Junghund sehr häufig zu sich heran und belohnen Sie ihn jedes Mal. Das Hörzeichen »Hier« wird dann bei ihm eine positive Erwartungshaltung hervorrufen.

Platz aus der Bewegung.

Damit der Hund schnell zu Ihnen kommt, muss seine Motivation entsprechend sein. Bei einem Hund, für den Spielen das Größte ist, sollte man dieses nutzen und nach dem schnellen Herankommen ein gemeinsames Spiel beginnen. Das Spiel können Sie dann gleich erzieherisch nutzen: Ist der Hund fast bei Ihnen angekommen, werfen Sie das Spielzeug durch Ihre gegrätschten Beine nach hinten. Der Hund lernt dadurch, schnell und gerade heranzukommen. Achtung: Berücksichtigen Sie die Größe Ihres Hundes! Ist er in der Relation zu Ihnen zu groß, droht er Sie bei diesem Spiel auszuhebeln. In diesem Fall ist ein besonders tolles Leckerchen die bessere Wahl.

Das Vorsitzen ist in der Prüfung ein Teilabschnitt, der nach dem Abrufen mit »Hier« gezeigt werden muss. Wichtig bei diesem Teil ist das schnelle Herankommen und gerade, enge Vorsitzen des Hundes.
Für die ersten Übungsschritte nehmen Sie am besten ein Leckerchen in beide Hände, die Sie dicht vor Ihren Körper halten. Ihr Hund wird sich so mittig vor Sie setzen. Entfernen Sie sich nur wenige Schritte vom liegenden Hund (evtl. sitzenden Welpen oder Junghund), denn es kommt noch nicht auf die Entfernung, sondern auf das richtige

Lernabschnitt: Aus dem Vorsitzen in die Grundstellung.

Vorsitzen an. Strecken Sie dem Hund beide Hände entgegen, während Sie jetzt »Hier« rufen und dabei langsam zurückgehen. Nun die Hände zum Körper und sie beim Stehenbleiben etwas höher ziehen, was den Hund zum Sitzen animiert (Lobwort und dann die Futterbelohnung). Sitz er nicht so eng wie erwünscht vor, erhält er natürlich keine Belohnung. Beginnen Sie in diesem Fall neu und wiederholen Sie den Ablauf komplett.

Hat Ihr Hund begriffen, was Sie von ihm erwarten, bauen Sie die Hilfestellungen langsam ab. Zuerst beenden Sie das Entgegenstrecken der Hände, denn sonst könnte der Hund meinen, nur das Hörzeichen »Hier« mit ausgestreckten Händen und leicht gebeugter Körperhaltung bedeutet »Vorsitzen«.

Hinweis:

 Bei allem, was der Hund erlernt, achten Sie immer darauf, ihn möglichst nicht über Korrektur auszubilden und erst im Anschluss daran zu belohnen. Dadurch können beim Hund falsche Verknüpfungen entstehen.

Über das Lobwort zögern Sie die Futterbelohnung hinaus und benutzen mal die rechte und mal die linke Hand. So sind Sie für Ihren Hund nicht leicht zu durchschauen. Bewährt haben sich auch Futterbelohnungen aus dem Mund, die der Hund beim engen Vorsitzen auffangen kann.

Wenn Ihr Hund ein »Spieler« ist wird er alles tun, um möglichst schnell nach dem Hörzeichen »Hier« zu seinem Spielzeug zu kommen. Legen Sie den Hund mit Hörzeichen »Platz« ab und gehen Sie dann mit Blick zum Hund langsam circa 3 Schritte zurück. Halten Sie die Spielbeute dicht an Ihren Körper, bei großen Hunden auf Brusthöhe, bei kleineren entsprechend tiefer. Kommt er nun zügig heran, ziehen Sie das Spielzeug etwas höher. Sitzt er gerade und dicht vor Ihnen, bekommt er sofort das Spielzeug in den Fang und ein fröhliches Spiel beginnt.

Der letzte Schritt in dieser kompletten Übung ist das Einnehmen der Grundstellung nach dem Vorsitzen. Sitzt der Hund korrekt vor, wird er nach einer kurzen Pause mit dem Hörzeichen »Fuß« in die Grundstellung gerufen.

Dies trainieren Sie am besten mit einer schmackhaften Futterbelohnung, damit Ihr Hund motiviert ist. Um ihn in die Grundstellung zu holen, führen Sie Ihre rechte Hand im Uhrzeigersinn hinter Ihren Rücken, wo Sie mit der linken Hand das Futter übernehmen. Ihre linke Hand ziehen Sie nun an Ihre linke Seite. Ihr Hund folgt dabei dem Futter und findet sich schließlich zu Ihrer Linken wieder, wo er dann die korrekte Grundstellung einnehmen wird. Ist der Hund in der Grundstellung, bekommt er seine Belohnung. Verwenden Sie noch nicht das Hörzeichen »Fuß«, denn beide, Hund und Mensch, sind noch zu sehr mit der Ausführung beschäftigt. Folgt er schnell der Hand bis zu korrekten Grundstellung, können Sie »Fuß«, sagen, sobald sich der Hund in Bewegung setzt. Die Hilfe durch Leckerchen und

Zum Entspannen nach intensivem Lernen ist das Spiel mit Artgenossen sinnvoll.

Eine Variante um aus dem Vorsitzen in die Grundstellung zu gelangen.

Handführung wird langsam abgebaut, bis die Belohnung erst erfolgt, wenn er in der Grundstellung sitzt.

Die Übungsschritte zur Platzübung werden zuerst in die oben aufgeführten einzelnen Abschnitte aufgeteilt, um sie dann, wenn der Hund jeden einzelnen erlernt hat, zusammenzuführen.

Hinweis:

Laufen Sie erst kurz vor dem Prüfungstermin das gesamte Laufschema der Unterordnung. Ihrem Hund würde es schnell zu eintönig, wenn Sie im Training das komplette Schema zu häufig wiederholten. Dies wird einerseits die Motivation mindern und ihn anderseits zum vorauseilenden Gehorsam animieren.

Der komplette Ablauf dieses Übungsteils: Abrufen – Vorsitzen – Grundstellung.

Übungsschritte für Ablage (Ablegen des Hundes unter Ablenkung)

Während der BH-Prüfung sind immer zwei Mensch-Hund-Teams auf dem Platz. Ein Team befindet sich in der Ablage, während das andere seine Unterordnungsübungen zeigt. Bei der Ablageübung stehen Sie für eine Dauer von cirka 10 Minuten in 30 Schritten Entfernung mit dem Rücken zum Hund. Währenddessen muss der Hund ruhig liegen bleiben, darf also weder zu Ihnen kommen, noch zu dem zweiten Hund hinlaufen oder sich die Langeweile mit der Erkundung der näheren Umgebung vertreiben.

Damit die Platzablage kein Stolperstein in der Begleithund-Prüfung wird – denn sie muss unter Ablenkung gezeigt werden – ist der Aufbau und auch das eindeutige Vorgehen bei der Übung von entscheidender Bedeutung.
Ein Weg, dem Hund die Ablage zu vermitteln, ist folgender: Sie lassen Ihren Hund – eine Leine kann hilfreich sein – mit dem Hörzeichen »Platz« sich ablegen. Dann entfernen Sie sich, wobei Sie ihn entweder mit Hilfe eines Spiegels oder durch eine Hilfsperson »beobachten«. Sollte der Hund nun aufstehen, bringen Sie ihn kommentarlos auf den ursprünglichen Platz zurück, geben wieder das Hörzeichen »Platz« und entfernen sich erneut. Bleibt Ihr Hund schließlich ruhig liegen, sagen Sie das Lobwort und geben ihm ein Futterstück. Steigern Sie nach und nach zu erst die Zeit und dann die Entfernung. Denken Sie daran, auch hier möglichst dem Hund nicht über die Korrektur die Übung zu vermitteln; denn das kann für ihn bedeuten: »Mensch kommt zurück, es

wird unangenehm.« Sensible Hunde sind dann schon zu Beginn der Übung unter Druck. Üben Sie also mit dem Prinzip »Belohnung«. Nachdem die Übung von Ihrem Hund verstanden worden ist, variieren Sie die Dauer der Übung, damit er sich nicht darauf einstellen kann. Sollten Sie auf einem Hundeplatz unter Ablenkung üben ist es übrigens am Anfang sinnvoll, dem Hund nicht sofort den Rücken zuzudrehen, sondern nur einige Schritte entfernt stehen zu bleiben.

Ein anderer Weg, die Ablage zu erlernen, besteht darin, den Hund anzubinden und ihm die Möglichkeit zu geben, selber herauszufinden was er tun muss, damit Sie zu ihm zurückkommen, nämlich »Platz zu machen«. Sie verzichten dabei auf jegliche Hilfestellung und belohnen nur das richtige Verhalten. Es ist sicherlich für den Menschen ein Geduldsspiel, nur herumzustehen, den Hund zu beobachten und erst bei der richtigen Aktion des Hundes zu handeln. Aber nur dadurch kann der Hund

die Verknüpfung (seine Aktion »Platz machen«, Ihre Reaktion »Zurückkommen«) herstellen.

Hinweis:

Achten Sie im Winter bei Frost oder im Sommer bei großer Hitze darauf, Ihren Hund nicht zu lange liegen zu lassen.

Hinweis:

Es kommt oft auf den Bruchteil einer Sekunde an, in der Sie die Aktion abbrechen müssen, um den Lerneffekt für den Hund zu erreichen.

Sie binden den Hund an und entfernen sich dann circa 3–5 Schritte in gerader Linie. Das alles geschieht, ohne dass Sie Hör- oder Sichtzeichen oder andere Kommentare geben. Leckerchen gibt es nicht, allein Ihre Nähe ist die Belohnung. Nach dem Sie ein paar Schritte gegangen sind, drehen Sie sich zu Ihrem Hund um, bleiben stehen und schauen ohne direkten Blickkontakt zu ihm über ihn hinweg. Was der Hund als Reaktion darauf zeigt, wird von Ihnen übersehen und überhört. Sein Verhalten kann von Bellen über Zerren an der Leine und Buddeln bis hin zum nur Dastehen alles Mögliche umfassen. Sie gehen jedoch erst dann (mit ruhigen Schritten) auf ihn zu, wenn er sich abgelegt hat. Dies kann dauern. Haben Sie also Geduld. Steht Ihr Hund auf, drehen Sie sich sofort wieder um und gehen an den Ausgangspunkt zurück. Dieses kann sich nun einige Male wiederholen, bleiben Sie ruhig und gelassen. Liegt er nun, wenn Sie fast bei ihm sind, müssen Sie schnell sein und ihn noch im Liegen durch Streicheln (nicht auf dem Oberkopf) und freundlichem Zuspruch belohnen.

Sind Sie nun beim liegenden Hund angekommen und waren auch schnell genug, das Liegenbleiben zu belohnen, binden Sie ihn los und spielen ausgiebig mit ihm. Um das wahrscheinliche Aufspringen beim Losbinden zu verhindern, ist es sinnvoll, die Leine noch beim Streicheln vom Halsband zu lösen. Bevor der Hund angebunden wird, haben Sie schon eine zweite Leine am Halsband befestigt. Nach Beenden der Übung, lösen Sie die Anbindeleine vom Halsband, die zweite Leine bleibt eingehängt. So können Sie das Entfernen des Hundes verhindern.

Üben Sie täglich ein- bis zweimal an verschiedenen Stellen im Garten und beenden Sie den Übungsabschnitt nur bei richtiger Ausführung.
Durch die schon hergestellte Verknüpfung kann es sein, dass der Hund sich schon beim Anbinden oder unmittelbar nach Ihrem Entfernen hinlegt.
Nun folgt die nächste Steigerung. Bei gleichem Abstand werden Sie einen Augenblick vor dem Hund stehen bleiben, bevor Sie sich zu ihm herunterbeugen und den liegenden Hund streicheln.

Ablage unter Ablenkung.

Beim nächsten Schritt bleiben Sie vor ihm stehen und setz en nur Ihre lobende Stimme ein. Danach stellen Sie sich direkt neben Ihren Hund, loben ihn mit der Stimme und binden dann den noch immer liegenden Hund los.

Hat Ihr Hund die einzelnen Schritte erfolgreich absolviert, gehen Sie jetzt zum Anbindeort, geben erstmalig das Hörzeichen »Platz« für diese Übung und binden ihn an. Zum jetzigen Zeitpunkt ist es wahrscheinlich, dass Ihr Hund die gewünschte Position auch beibehält und die Bedeutung des Hörzeichens »Platz« verstanden hat.

Auf ruhigen Spazierwegen üben Sie nun weiter. Der Schwierigkeitsgrad der Übung muss dabei unbedingt den örtlichen Gegebenheiten angepasst werden. Das Außer-Sicht-Gehen wird jetzt in den Ablauf eingebaut. In einem normalen Tonfall geben Sie Ihrem Hund das Hörzeichen »Platz« und entfernen sich aus dem Sichtfeld des Hundes. Zunächst machen Sie dies nur für kurze Momente, später können Sie sich dann länger von ihm entfernen. Nutzen Sie alle denkbaren »Verstecke«: Hausecken, geparkte Autos, Bäume und Sträucher. Halten Sie Ihren Hund aber im Blick, um im Bedarfs-

Ablageübung im freien Gelände.

fall aktiv werden zu können. Hat der Hund bis hierher alles gut gemeistert, können Sie nun dazu übergehen, ihn nicht mehr anzubinden. In einem Zwischenschritt lassen Sie die Leine am Halsband noch eingehängt, später verzichten Sie vollständig auf die Leine.

Ob Sie außerhalb eines eingezäunten oder überschaubaren Geländes Ihren Hund frei ablegen können, hängt auch immer vom Hund ab. Bei der Prüfung wird es nur auf dem Übungsplatz verlangt.

Ohne Druck hat der Hund nun gelernt, was er tun muss, damit Sie zu ihm zurückkehren, bei ihm bleiben und dann mit ihm spielen. Die soziale Nähe ist wieder hergestellt, was in seinem Interesse liegt.

Grundsätzlich gilt:

➔ Es kann erst dann vom Hund etwas eingefordert werden, wenn er die Aufgabe auch wirklich verstanden hat.

Prüfung im öffentlichen Verkehrsraum

Allgemeines

Die nachfolgenden Übungen finden außerhalb des Übungsgeländes in einem geeigneten Umfeld innerhalb von geschlossenen Ortschaften statt. Der Prüfungsleiter und der Leistungsrichter legen fest, wo und wie die Übungen im öffentlichen Verkehrsraum (Straßen, Wege oder Plätze) durchgeführt werden. Der öffentliche Verkehr darf nicht beeinträchtigt werden. Punkte werden für die einzelnen Übungen nicht vergeben. Für das Bestehen dieses Prüfungteiles ist der gesamte Eindruck über den sich in der Öffentlichkeit bewegenden Hund maßgeblich.

Die nachfolgend beschriebenen Übungen können durch den Leistungsrichter individuell auf die örtlichen Gegebenheiten angepasst werden. Er ist berechtigt bei Zweifeln in der Beurteilung des Hundes, Übungen zu wiederholen bzw. zu variieren.

Begegnung mit der Personengruppe

Auf Anweisung des Leistungsrichters begeht der Hundeführer mit seinem angeleinten Hund einen angewiesenen Straßenabschnitt auf dem Gehweg. Der Leistungsrichter folgt dem Team in angemessener Entfernung.

Der Hund soll an der linken Seite des Hundeführers an lose hängender Leine mit der Schulter in Kniehöhe des Hundeführers willig folgen.

Dem Fußgänger- und Fahrverkehr gegenüber hat sich der Hund gleichgültig zu verhalten.

Auf seinem Weg wird der Hundeführer von einem vorbeilaufenden Passanten (Auftragsperson) geschnitten. Der Hund hat sich neutral und unbeeindruckt zu zeigen.

Der Hundeführer geht mit seinem Hund weiter durch eine Personengruppe, die locker zusammensteht, von mindestens sechs Personen. Eine Person spricht den Hundeführer an und begrüßt ihn mit Handschlag. Der Hund hat auf Anweisung durch seinen Hundeführer neben ihm zu sitzen oder zu liegen. Er muss sich während der kurzen Unterhaltung ruhig verhalten.

Stressfreie Begegnung.

Begegnung mit Radfahrern

Der angeleinte Hund geht mit seinem Hundeführer einen Weg entlang und wird zunächst von hinten von einem Radfahrer überholt, der dabei Klingelzeichen gibt. In großem Abstand wendet der Radfahrer und kommt beiden entgegen. Dabei werden nochmals Klingelzeichen gegeben. Das Vorbeifahren hat so zu erfolgen, dass sich der Hund zwischen dem Hundeführer und dem vorbeifahrenden Radfahrer befindet. Der angeleinte Hund hat sich dem Radfahrer gegenüber unbefangen zu zeigen.

Begegnung mit Autos

Der Hundeführer geht mit seinem angeleinten Hund an mehreren Autos vorbei. Dabei wird eines der Fahrzeuge gestartet. Bei einem anderen Auto wird eine Tür zugeschlagen. Während Hundeführer und Hund weitergehen, hält ein Auto neben ihnen. Die Fensterscheibe wird heruntergedreht und der Hundeführer vom Autofahrer um eine Auskunft gebeten. Dabei hat der Hund auf Anweisung des Hundeführers zu sitzen oder zu liegen.
Der Hund hat sich ruhig und unbeeindruckt gegenüber Autos und allen Verkehrsgeräuschen zu zeigen.

Begegnung mit Joggern oder Inlineskatern

Der Hundeführer geht mit seinem angeleinten Hund einen Weg entlang. Mindestens zwei Jogger überholen ihn, ohne ihr Tempo zu vermindern. Sobald sich die Jogger entfernt haben, kommen erneut Jogger dem Hund und dem Hundeführer entgegen und laufen an ihnen vorbei, ohne ihre Geschwindigkeit herabzusetzen. Der Hund muss nicht korrekt bei Fuß gehen, darf die überholenden bzw. entgegenkommenden Personen jedoch nicht belästigen. Es ist statthaft, dass der Hundeführer seinen Hund während der Begegnung in die Sitz- oder Platzposition bringt.
Statt der Jogger können auch ein oder zwei Inline-Skater den Hund und Hundeführer überholen und ihnen wieder entgegenkommen.

Begegnung mit anderen Hunden

Beim Überholen und Entgegenkommen eines anderen Hundes mit einem Hundeführer, hat sich der Hund neutral zu verhalten. Sein Hundeführer kann das Hörzeichen »Fuß« wiederholen oder den Hund bei der Begegnung in die Sitz- oder Platzposition bringen.

Verhalten des kurzfristig im Verkehr angeleinten allein gelassenen Hundes, Verhalten gegenüber anderen Tieren

Auf Anweisung des Leistungsrichters geht der Hundeführer mit angeleintem Hund auf dem Gehweg einer mäßig belebten Straße. Nach kurzer Strecke hält er auf Ansagen an und befestigt die Führleine an einem Zaun, Mauerring oder dergleichen. Der Hundeführer begibt sich in ein Geschäft oder in einen Hauseingang. Der Hund darf stehen, sitzen oder liegen. Während der Abwesenheit des Hundeführers geht ein Passant (Auftragsperson) mit einem angeleinten Hund in einer seitlichen Entfernung von etwa fünf Schritten am Prüfungshund vorbei.

Der alleingelassene Hund hat sich während der Abwesenheit seines Menschen ruhig zu verhalten. Den vorbeigehenden Hund (keine Raufer einsetzen) hat er ohne Angriffshandlung (starkes Zerren an der Leine, andauerndes Bellen) passieren zu lassen. Auf Richteranweisung wird der Hund wieder abgeholt.

Übungen für die Prüfung im öffentlichen Verkehrsraum

Legen Sie bei der Erziehung und Ausbildung Ihres Hundes großen Wert auf sein Verhalten im täglichen Leben, damit Sie nicht sagen müssen: »Auf dem Übungsplatz macht er alles, aber außerhalb …«.

Lernen für das alltägliche Leben.

Hinweis:

 Alles was Sie mit Ihrem Hund auf dem Übungsplatz trainieren, muss auch an vielen weiteren Orten geübt werden. Denn nur so kann der Hund das Gelernte verallgemeinern.

Falls Sie in der Stadt oder einer stadtnahen Wohnsiedlung wohnen lernt der Hund fast automatisch viele unterschiedliche Geräusche, sich schnell bewegende Menschen und Fahrzeuge kennen. Auch ist ihm das Gefühl von Enge nicht fremd, wenn er Sie in Geschäfte oder ins Restaurant begleitet. Leben Sie aber

Die Begegnung mit einem Fahrradfahrer ist nichts Besonderes.

auf dem Land und Ihr Hund kennt nur Ruhe, schöne Wanderwege, Trecker, Pferde und Kühe, so kann die städtische Atmosphäre ihn durchaus verunsichern. Gehen Sie deshalb schon mit dem Welpen und Junghund regelmäßig an belebte Orte. Damit werden die vielen verschiedenen Eindrücke, Gerüche und Geräusche etwas Normales für ihn.

Die Hörzeichen, die Sie auf dem Übungsplatz benutzen, sind sogenannte Grundkommandos und werden auch im Alltag angewandt. Damit der Hund aber das Erlernte nicht ortsgebunden zeigt, müssen Sie alles auch überall einüben. Nehmen Sie sich unbedingt viel Zeit, um konzentriert mit Ihrem Hund üben und auf die richtige Ausführung achten zu können.

Die bereits eingeübte Grundstellung kann beispielsweise auch im Aufzug gezeigt werden, beim Warten an der Kasse oder wenn Sie Bekannte treffen. Müssen Sie an der Ampel warten, denken Sie unbedingt daran, nicht zu nahe an den Fahrbahnrand zu treten. Die Lautstärke und der Luftzug vorbeirauschender LKWs können für einen Hund sehr erschreckend sein. Auf alle Fälle sind sie für ihn sehr gewöhnungsbedürftig.

In der Prüfung müssen Sie auch zeigen, dass Ihr Hund in der Lage ist, im gesamten öffentlichen Raum an lockerer Leine neben Ihnen zu gehen. Dabei sind Fußgänger weder freundlich zu begrüßen, noch als Bedrohung zu empfinden. Fahrradfahrer und auch schnelle »Inlineskater« sollten den Hund nicht irritieren, ganz gleich, ob sie sich von hinten oder von vorne nähern. Diese Begegnungen lassen sich mit Freunden und Bekannten im Vorfeld üben, um sie danach unter realen Bedingungen zu festigen. Bei einer weiteren Teilübung ist es von Vorteil, wenn Sie das Warten außer Sicht in den Alltag mit Ihrem Hund bereits integriert haben und es somit für ihn etwas Gewohntes und Normales ist. Sie binden auf Anweisung des Leistungsrichters Ihren Hund an und entfernen sich, bis Sie außerhalb der Sichtweite des Hundes sind. Ob er liegt, sitzt oder steht ist hierbei nicht entscheidend, sondern welches Verhalten er zeigt, wenn Personen in seine Nähe kommen oder ein Artgenosse an ihm vorbeigeführt wird.

Gelassen warten und vorbeigehen.

Es handelt sich hierbei um Auftragspersonen. Meistens üben die Prüfungsteilnehmer gemeinsam, wobei Sie einen Ort wählen sollten, der den Prüfungsbedingungen ähnlich ist. Es versteht sich von selbst, dass natürlich nicht der »Lieblingsfeind« Ihres Hundes als Trainingspartner ausgewählt wird.

Achten Sie auf ausreichenden Abstand. So ist die Versuchung für beide Hunde nicht zu groß, ein Fehlverhalten zu zeigen.

Übung in der Stadt.

Oft kommen Hunde gar nicht auf die Idee, sich um irgendwas und irgendwen zu kümmern, wenn sie alleine sind, sondern halten nur Ausschau nach ihrem Menschen.

Ein weiterer Teil der Prüfung kann darin bestehen, dass der Leistungsrichter das Team durch eine Personengruppe schickt oder ein Gespräch mit einer Person veranlasst, die mit Handschlag begrüßt werden soll. Dies kann mit oder ohne weitere Hunde erfolgen. Manche Hunde nutzen die vermeintliche »Unaufmerksamkeit« des Menschen um Kontakt zum Gegenüber aufzunehmen. Darum ist es sinnvoll, auch diesen eventuellen Pfüfungsteil zu üben.

Die Leistungsrichter erhalten Vorgaben, was und wie geprüft werden muss. Einigen Spielraum für Varianten und Erweiterungen haben sie dennoch. Es werden immer nur Situationen geprüft, die im täglichen Leben auf Sie und Ihren Hund zukommen können.

Übung am Auto mit laufendem Motor.

Anhang 5

Schlusswort

Hunde brauchen Zeit, um zu lernen und Dinge zu verinnerlichen. Deshalb ist es sinnvoll, dass der Hund beim Ablegen der Prüfung ein Mindestalter von 15 Monaten hat. Nicht jeder Hund kann die Anforderungen der Prüfung schon in diesem Alter meistern. Der Erfolg ist abhängig von der Persönlichkeit des Hundes, seiner Rassezugehörigkeit und nicht zuletzt auch von der Erfahrung und den Fähigkeiten »seines Menschen«. Legen Sie also keinen falschen Ehrgeiz an den Tag: Bitte überfordern Sie Ihren Hund nicht. Darunter würden nicht nur seine Lernerfolge, sondern vor allem seine Beziehung zu Ihnen leiden!

Grundvoraussetzung zur Ausbildung eines Rettungshundes ist die bestandene BH/VT-Prüfung.

Ich würde mich freuen, wenn dieses Buch Ihnen nicht nur den Weg zum erfolgreichen Bestehen der BH/VT-Prüfung ebnet, sondern Ihnen auch ein Ansporn ist, intensiv und verständnisvoll mit Ihrem Hund zusammenzuarbeiten. Denn so wichtig die Prüfung auch sein mag, im Vordergrund sollte stets die vertrauensvolle Partnerschaft zwischen Ihnen und Ihrem Hund stehen.

Danksagung

Im Alleingang ist es nicht möglich einen Ratgeber, wie er Ihnen hier vorliegt, entstehen zu lassen. Hilfe und Unterstützung für die verschiedenen Bereiche sind nötig. Ich bedanke mich herzlich bei den Menschen und Hunden, die zur Entstehung dieses Buches beigetragen haben. Ein besonderes Dankeschön geht an meinen Mann Fritz und meinen Sohn Alexander, die den Text gegengelesen und korrigiert haben. Ferner danke ich den Teilnehmern meiner Hundeschule »Halvara-Team-Training«, die mit viel Freude und Einsatz in den Übungsstunden daran gearbeitet haben, die Prüfungsanforderungen zu erfüllen, und an einem langen und schönen Sommertag geduldig und mit viel Spaß für die Fotos des Fotografen Oliver Pohl zu Verfügung gestanden haben.

Ich möchte aber auch an meinen ersten Leonberger, Asco v. Hombrechen, denken, mit ihm habe ich meine erste Begleithund-Prüfung im Mai 1985 bestanden. Wir waren damals Exoten auf dem Hundeplatz, denn es waren fast ausschließlich die Gebrauchshunderassen vorort, die gezielt erzogen und ausgebildet wurden.

Asco von Hombrechen.

Wir haben unser Ziel erreicht, müssen aber auch weiterhin trainieren!

Quellen und Tipps zum Weiterlesen

Um Ihren Hund besser zu **verstehen**, ihn zu **erziehen** und in die Familie zu integrieren, um spielerisch den richtigen »Draht« zu ihm zu finden und ihn verantwortungsbewusst **auszubilden**, gibt es eine Vielzahl guter Fachbücher.

Die nachfolgenden Buch-Tipps sollen Ihnen als Grundlage dienen.

Dr. Dorit Feddersen-Petersen
Ausdrucksverhalten beim Hund.
Mimik, Körpersprache, Kommunikation und
Verständigung,
Stuttgart 2008

Dr. Udo Gansloßer
Verhaltensbiologie für Hundehalter:
Verhaltensweisen aus dem Tierreich
verstehen und auf den Hund beziehen,
Stuttgart 2007

Günther Bloch
Die Pizza-Hunde:
Freilandstudien an verwilderten
Haushunden.
Verhaltensvergleich mit Wölfen.
Tipps für Hundehalter,
Stuttgart 2007

Günther Bloch
Der Wolf im Hundepelz: Hundeerziehung aus
unterschiedlichen Perspektiven,
Stuttgart 2004

Günther Bloch & Elli H. Radinger
Wölfisch für Hundehalter:
Von Alpha, Dominanz und anderen
populären Irrtümern,
Stuttgart 2010

Petra Krivy & Angelika Lanzerath
Was ein Welpe lernen muss,
Stuttgart 2009

Ekard Lind
Richtig Spielen mit Hunden,
Stuttgart 2007

Ekard Lind
Mensch-Hund-Harmonie:
Mit Spiel und Motivation zum
lernfreudigen Hund,
Stuttgart 2003

Birgit Laser
Obedience für Einsteiger –
Das Lehrbuch für den neuen Hundesport,
Schwarzenbek 1999

Uwe Wehner
Obedience,
Nerdlen 2003

Nützliche Adressen

Verband für das Deutsche Hundewesen (VDH)
Geschäftsstelle
Westfalendamm 174
D-44141 Dortmund
Tel.: +49 (0)2 31/5 65 00-0
Fax: +49 (0)2 31/59 24 40
E-Mail: info@vdh.de
www.vdh.de

Deutscher Verband der Gebrauchshund-sportvereine e.V. (DVG)
Geschäftsstelle
Ennertsweg 51
D-58675 Hemer
Tel.: +49(0)23 72/55598-0
E-Mail: info@dvg-hundesport.de
www.dvg-hundesport.de

Schweizerische Kynologische Gesellschaft
Geschäftsstelle
Brunnmattstraße 24
CH-3007 Berne
Tel.: +41 (0)31 306 62 62
Fax: +41 (0)31 306 62 60
E-Mail: info@skg

Österreichischer Kynologenverband
Geschäftsstelle
Siegfried Marcus-Str. 7
A-2362 Biedermannsdorf
Tel.: +43 (0)22 36/710 667
Fax: +43 (0)22 36/710 667-30
E-Mail: office@oekv.at
www.oekv.at

Fédération Cynologique International Secrétariat Général de la FCI
Place Albert 1er, 13
B-6530 THUIN
Belgien
Tel.: +32 (0)71/59 12 38
Fax: +32 (0)71/59 22 29
www.fci.be

TASSO e.V.
Frankfurter Str. 20
D-65795 Hattersheim
Tel.: +49 (0)61 90/93 73 00
Fax: +49 (0)61 90/93 74 00
E-Mail: info@tasso.net
www.tasso.net

**Gesellschaft für Haustierforschung e.V.
Eberhard Trumler-Station Wolfswinkel**
Wolfswinkel 1
D-57587 Birken-Honigsessen
Tel.: +49 (0)2742/6746
Fax: +49 (0)2742/8523
E-Mail: info@gfh-wolfswinkel.de

Autorenportrait

»Annegret Bangert« leitet seit 2001 die Hundeschule »Halvara-Team-Training« im Emsland, nachdem sie mehr als 15 Jahre ehrenamtlich als DVG/VDH-geprüfte Ausbilderin für alle Rassen und Mischlinge in einem Hundeverein im Sauerland tätig war. Ihr Hauptaugenmerk liegt auf der Partnerschaft zwischen Mensch und Hund: Mit Hilfe des »Verstehen-Lernens« des Hundes und einer gewaltfreien Erziehung mit klaren Strukturen bildet man ihrer Überzeugung nach einen sozialverträglichen und umweltsicheren Familienhund aus.

Sie hat selber seit über 30 Jahren eigene Hunde, mit denen sie erfolgreich den VDH-Team-Test und die VDH-Begleithundprüfung mehrfach absolviert hat. Während dieser Zeit hat sie sich auf zahlreichen Seminaren mit Verhaltensforschern u. -biologen sowie Hundeausbildern und -trainern etc. und durch Fachliteratur weitergebildet.

Ferner ist sie anerkannte Ausbilderin und Prüferin für den VDH-Hundeführerschein und Autorin verschiedener Hundefachbücher.

Annegret Bangert
»Halvara-Team-Training«
HTT-Hundeschule Bangert
Ackerhöven 5
49779 Herzlake
Tel.: +49-05962-873661
E-Mail: kontakt@htt-hundeschule.de
www.halvara-team-training.de

Die beste Art zu leben

Die Zeitschrift für die schönste Lebensart.
Wir stehen für natürliche Werte. Für alte Traditionen.
www.liebes-land.de

Wir schicken Ihnen gerne
ein kostenloses Schnupperheft.
Leserservice Liebes Land
Erich-Kästner-Str. 2
56379 Singhofen
service@liebes-land.de
Tel.: +49 (2604) 978-978
Fax: +49 (2604) 978-979

Foto: © Günther Dotzler/Pixelio

Unsere Erfolgsreihen auf einen Blick

Die Reitschule

Urte Biallas, **Bodenarbeit**, ISBN 978-3-275-01708-9

Kerstin Diacont, **Grundkurs Sitz und Hilfen**, ISBN 978-3-275-01707-2

Kerstin Diacont, **Dressur für Fortgeschrittene**, ISBN 978-3-275-01749-2

Angelika Schmelzer, **Pferde erziehen**, ISBN 978-3-275-01709-6

Angelika Schmelzer, **Reiten im Gelände**, ISBN 978-3-275-01748-5

Britta Schön, **Hufschlagfiguren und Lektionen E bis A**, ISBN 978-3-275-01728-7

Britta Schön, **Mein erster Turnierstart**, ISBN 978-3-275-01777-5

Sigrid Weppelmann/Sandra Mensmann, **Longieren**, ISBN 978-3-275-01727-0

Sigrid Weppelmann, **Basispass Pferdekunde**, ISBN 978-3-275-01750-8

Inga Wolframm, **Angstfrei reiten**, ISBN 978-3-275-01729-4

Inga Wolframm, **Springen für Einsteiger**, ISBN 978-3-275-01776-8

Die Hundeschule

Annegret Bangert, **Begleithundprüfung**, ISBN 978-3-275-01779-9

Ann-Sophie Griebel, **Clicker-Training**, ISBN 978-3-275-01714-0

Micaela Köppel, **Spiel und Spaß für jeden Tag**, ISBN 978-3-275-01732-4

Petra Krivy/Ann-Sophie Griebel, **Ein Hund aus zweiter Hand**, ISBN 978-3-275-01780-5

Petra Krivy/Angelika Lanzerath, **Was ein Welpe lernen muss**, ISBN 978-3-275-01689-1

Petra Krivy/Angelika Lanzerath, **Hunde verstehen**, ISBN 978-3-275-01756-0

Petra Krivy/Angelika Lanzerath, **Einfach gut erzogen**, ISBN 978-3-275-01731-7

Petra Krivy/Angelika Lanzerath, **So geht's nicht weiter**, ISBN 978-3-275-01713-3

Uta Reichenbach/Tanja Sinner, **Agility**, ISBN 978-3-275-01660-0

Uta Reichenbach/Gabriele Lehari, **Sinnvolle Beschäftigung**, ISBN 978-3-275-01645-7

Monika Schaal/Ursula Breuer, **Komm zu mir!**, ISBN 978-3-275-01623-5

Monika Schaal/Ursula Daugschieß-Thumm, **Lockere Leine**, ISBN 978-3-275-01621-1

Julia Schuster/Jochen Schleicher, **Dog Frisbee**, ISBN 978-3-275-01755-3

Beate Schwarz, **Dummy-Training**, ISBN 978-3-275-01690-7

Manuela van Schewick, **Apportieren mit Spaß**, ISBN 978-3-275-01754-6

Christiane Wergowski, **Alleine bleiben**, ISBN 978-3-275-01659-4

happy cats

Nina Ernst, **Willkommen Katze**, ISBN 978-3-275-01781-2

Nina Ernst, **Zufriedene Stubentiger**, ISBN 978-3-275-01760-7

Gabriele Müller, **Miau – Katzensprache richtig deuten**, ISBN 978-3-275-01782-9

Jedes Buch mit 96 Seiten,
ca. 80 Abb., broschiert,
je € 9,95/sFr 18,90/€(A) 10,30